John D. Kalimenze

Interação da matéria-prima com a matriz durante a pirólise analítica

Interação da matéria-prima com a matriz durante a pirólise analítica

John D. Kalimenze

Interação da matéria-prima com a matriz durante a pirólise analítica

ScienciaScripts

Imprint

Any brand names and product names mentioned in this book are subject to trademark, brand or patent protection and are trademarks or registered trademarks of their respective holders. The use of brand names, product names, common names, trade names, product descriptions etc. even without a particular marking in this work is in no way to be construed to mean that such names may be regarded as unrestricted in respect of trademark and brand protection legislation and could thus be used by anyone.

Cover image: www.ingimage.com

This book is a translation from the original published under ISBN 978-3-659-82340-4.

Publisher:
Sciencia Scripts
is a trademark of
Dodo Books Indian Ocean Ltd. and OmniScriptum S.R.L publishing group

120 High Road, East Finchley, London, N2 9ED, United Kingdom
Str. Armeneasca 28/1, office 1, Chisinau MD-2012, Republic of Moldova, Europe
Printed at: see last page
ISBN: 978-620-8-23535-2

ÍNDICE DE CONTEÚDOS

RESUMO

A investigação do comportamento de degradação e a análise estrutural dos asfaltenos são indispensáveis para compreender e melhorar as caraterísticas de desempenho. O objetivo deste estudo foi investigar os efeitos das interações dos minerais durante a pirólise analítica e avaliar se afectam qualitativamente os piroprodutos. A temperatura de pirólise (750°C-1000°C) e a duração do aquecimento (tempo, 8-15 seg) foram definidas como parâmetros cinéticos. O asfalteno, que foi isolado do betume utilizando n-hexano como solvente de extração, foi um composto de interesse através do qual os minerais de sílica (SiO_2) e pirite (FeS_2) foram adsorvidos. A espetrometria de massa por cromatografia gasosa de pirólise (Py-GC/MS) foi utilizada como uma ferramenta influente para a separação e identificação do pirolisado. Os piroprodutos eram dominados por uma série de n-alcanos e n-alcenos até C32, mostrando o elevado carácter alifático das fracções de asfalteno isoladas do betume do Curdistão. Os principais hidrocarbonetos aromáticos identificados no pirolisado são o alquilbenzeno, o naftaleno e o metilnaftaleno. Este estudo provou que os minerais afectam qualitativamente o pirolisado. Observou-se que a sílica tem uma influência insignificante na geração de piroprodutos quando comparada com a pirite, que mostrou efeitos catalíticos significativos na pirólise do asfalteno. A atividade catalítica da pirite foi comprovada pela produção de metano até 10 vezes superior à da sílica, embora o metano também seja formado por processos normais de craqueamento térmico devido ao mecanismo de radicais livres. Observou-se também que a pirite aumenta os hidrocarbonetos alifáticos com um aquecimento prolongado. Após a pirólise, os resíduos foram estudados por espetroscopia Raman para identificação de matérias orgânicas carbonáceas sólidas presentes no asfalteno. Devido às grandes semelhanças estruturais entre o carvão e o asfalteno, foi utilizada uma amostra de carvão para estudos de correlação.

RECONHECIMENTO

Estou muito grato ao Dr. Stephen Bowden, o meu supervisor de investigação do departamento de Geologia da Universidade de Aberdeen, pelo seu apoio total durante todo o tempo da minha investigação. Ele tem sido a rocha sobre a qual me mantenho atualmente. Agradeço o grande apoio académico de Ayad N. Faqi (estudante de doutoramento) da Universidade de Aberdeen. Agradeço também a Colin Taylor e a Elizabeth, técnica de geoquímica do laboratório de geoquímica da Universidade de Aberdeen, pelo seu apoio técnico durante todo o tempo das minhas experiências.

CAPÍTULO 1: INTRODUÇÃO

1.1 Antecedentes Introdução

A geoquímica orgânica pode ser usada como uma ferramenta poderosa para esclarecer a origem e a modernização da história geológica da matéria orgânica presente na geosfera [1]. O petróleo é gerado pela pirólise da matéria orgânica sedimentar, processo que pode ser simulado em laboratório através de técnicas analíticas de pirólise. As práticas de preparação diferem e o componente orgânico pode ou não ser isolado antes da pirólise. O impacto de fazer ou não fazer isto está sujeito a variações em diferentes casos. Este estudo está a investigar estes efeitos para uma gama restrita de asfaltenos e minerais. Para o efeito, foram fornecidas amostras de betume recolhidas na Zagros Thrust Belt (Agra anticline) na região do Curdistão, no Norte do Iraque. As amostras de betume natural foram retiradas de vazios de calcário dolomítico do anticlinal de Agra. O betume é definido como a forma mais pesada de petróleo que se forma como resíduo da degradação microbiológica secundária do petróleo convencional [2,3,4]. As principais fracções do betume são os hidrocarbonetos, as resinas e o asfalteno. São hidrocarbonetos ligeiramente viscoelásticos, densos, semi-sólidos, de cor castanha escura a preta e ricamente dotados de heteroátomos como o azoto, o oxigénio e o enxofre, com vestígios de metais e compostos organometálicos [2,3,5]. Os asfaltenos, que são considerados como fragmentos solúveis de querogénio [6,7,8] e considerados semelhantes à parte mais lábil do respetivo querogénio nos reservatórios de petróleo [6,9,10,11,12], formam um constituinte significativo do petróleo bruto; foram extraídos da amostra de betume de Zagros e utilizados neste trabalho.

O estudo da análise estrutural e do comportamento de degradação dos asfaltenos é essencial para compreender e melhorar as caraterísticas de desempenho. Devido à fraca ou falta de volatilidade e ao elevado peso molecular, a análise dos asfaltenos por cromatografia gasosa tradicional (GC) no seu estado normal torna-se difícil; no entanto, as macromoléculas podem ser aquecidas a uma temperatura superior a 500°C para as pirolisar em fragmentos individuais que podem ser separados cromatograficamente e identificados por espetrometria de massa [13]. A degradação térmica resultou de reacções de radicais livres induzidas pela quebra de ligações, mas a quebra de ligações depende da força entre as moléculas [13]. É importante que o pirolisador tenha um controlo preciso da taxa de aquecimento, da temperatura e do tempo para obter uma reprodutibilidade quantitativa [13,14]. Por conseguinte, espera-se que duas ou mais amostras de composição semelhante aquecidas à mesma velocidade, à mesma temperatura e durante o mesmo período de aquecimento (tempo) produzam produtos de decomposição iguais ou semelhantes [13]. Durante a pirólise analítica, a temperatura final de pirólise, o aumento rápido da temperatura e o controlo preciso da temperatura são requisitos necessários do instrumento. O sistema de pirólise é classificado em dois grupos, dependendo do mecanismo de aquecimento; um é o pirolisador de modo contínuo (Furnace pyrolyser) e o outro é o pirolisador de modo pulsado (Flash pyrolyser), como o filamento aquecido, o ponto de curie e o pirolisador a laser [13,14]. Nesta comunicação, foi utilizado o modo posterior com filamento de platina aquecido e a amostra foi colocada no tubo de quartzo. O piroprobe foi diretámente ligado à porta de injeção do GC e um fluxo de gás hélio faz fluir os pirolisados para a coluna capilar. Quando comparados com o querogénio, os estudos cinéticos dos asfaltenos são raros [6] e a maioria dos trabalhos anteriores sobre a pirólise dos asfaltenos centrou-se principalmente na elucidação das suas estruturas [15,16,17] e na identificação de produtos fragmentados com base apenas na temperatura de pirólise, com informações insignificantes sobre as fracções de produtos com base no tempo e na temperatura [15,18-21]. Neste trabalho, tanto o tempo (duração do aquecimento) como a temperatura (temperatura da sonda) são considerados na discussão de diferentes matérias-primas-matrizes nos produtos de pirólise dos asfaltenos. Várias investigações sobre os asfaltenos e os seus produtos de pirólise a partir de óleos biodegradados e não biodegradados provaram que a composição dos asfaltenos não é afetada pela biodegradação [1,6,22,23,24,25,26,27,28,29]. As fracções polares que compõem os asfaltenos permaneceram inalteradas após a pirólise, tal como verificado pela análise elementar e gravimétrica [1,23,30] e, por conseguinte, fornecem informações importantes sobre a sua rocha de origem [6,22,25]. É difícil excluir os asfaltenos como fonte de geração de hidrocarbonetos secundários, especialmente quando estão disponíveis contextos geológicos adequados, porque são menos polimerizados e aromatizados do que o querogénio, como revelado pelas suas elevadas razões atómicas H/C e baixas O/C [6,8,31]. Devido à relação física e química existente entre os asfaltenos petrolíferos e o querogénio formador de petróleo, os estudos sobre os asfaltenos continuam a ser um aspeto crucial para um melhor conhecimento do seu papel na geração, migração e maturação do petróleo. Com esta escola de pensamento, os asfaltenos continuarão a ser uma molécula de fronteira nas investigações geoquímicas, uma vez que fornecem indicações importantes sobre a natureza e a fonte dos compostos orgânicos, a migração, a maturação e os efeitos de alteração secundária [9].

Neste estudo, amostras de asfaltenos extraídas de betumes semelhantes foram adsorvidas em gel de sílica e em minerais de pirite, sendo depois submetidas a espetrometria de massa por cromatografia gasosa de pirólise (Py-GC- MS-Agilent Technologies). O hexano foi utilizado como solvente de extração. O software ChemStation foi utilizado para o processamento e interpretação dos dados com o apoio da biblioteca de espectros de massa (NIST 05 e Wiley) e de dados da literatura. Os produtos de pirólise foram analisados para explorar o potencial de diferentes interações de matérias-primas minerais e o resíduo sólido carbonoso de asfaltenos na matriz mineral foi analisado por espetroscopia Raman. A análise Py-GC-MS é largamente aplicada em várias disciplinas de investigação e desenvolvimento de novos materiais, geologia, ciências ambientais (biologia) e biotecnologia, espaço aéreo, controlo de qualidade, fármacos ou medicina, análise ecológica ou ambiental, intenções forenses, categorização e avaliação de produtos concorrentes, preservação e recuperação do património cultural [13,14]. É também a técnica analítica de preferência para a identificação de compostos biomarcadores presentes em misturas orgânicas extraídas de amostras ambientais, biológicas e geológicas [32].

1.2 Objectivos do projeto

Verificou-se que, até à data, foi realizado um trabalho mínimo sobre os estudos das diferentes interações da matéria-prima com a matriz durante a pirólise analítica. Por conseguinte, o principal objetivo deste estudo foi investigar se a interação de diferentes matérias-primas com a matriz pode afetar qualitativamente os produtos da pirólise. Para atingir este objetivo, foram selecionados minerais de sílica-gel e de pirite como matéria-prima da matriz e o asfalteno foi adsorvido nos minerais de sílica-gel e de pirite e depois pirolisado nas mesmas condições de pirólise. O Py-GC-MS foi utilizado como uma prova importante para estudos de correlação dos produtos de pirólise. O desvio Raman para identificação de matérias carbonosas sólidas presentes no asfalteno foi também utilizado para comparação entre os dois produtos de pirólise.

1.3 REVISÃO DA LITERATURA

1.3.1 História, propriedades e caraterização dos asfaltenos

Os asfaltenos encontram-se em todos os óleos pesados, materiais petrolíferos e em betumes de diferentes rochas de origem petrolífera. Tornaram-se uma grande preocupação na indústria petrolífera devido à emulsificação, cristalização da cera e desafios de agregação que causam no transporte e refinamento do petróleo bruto [33]. A palavra "asfalteno" foi mencionada pela primeira vez em França por J.B.Boussingault em 1837, quando descrevia os componentes de alguns betumes ou asfaltos recolhidos no Leste de França e no Peru [34,35]. Ele definiu-os como o resíduo da destilação do betume que é insolúvel em álcool e solúvel em terebintina [34-37]. Recentemente, os asfaltenos são teoricamente definidos como os componentes ou fracções mais pesados dos fluidos petrolíferos que são insolúveis em n-alcanos leves, como o n-pentano ou o n-heptano, mas solúveis em benzeno ou aromáticos, como o tolueno [34,37]. Esta definição aplica-se a todos os asfaltenos, quer sejam derivados do petróleo ou de fontes carbonosas, como xistos betuminosos e carvão. A definição clássica de solubilidade dos asfaltenos engloba uma vasta gama de estruturas moleculares compostas por aromáticos polinucleares (PNA) com uma gama de grupos alifáticos e alicíclicos; pequenas quantidades de heteroátomos como o azoto, o enxofre e o oxigénio e metais pesados que se formam em estruturas porfirínicas como o vanádio e o níquel [37]. A baixa solubilidade dos asfaltenos é fundamental na produção e processamento do petróleo, pois simplifica a sua separação dos outros componentes. A relação hidrogénio-carbono do asfalteno é mais baixa (4,8-8%), com teores mais elevados de enxofre, oxigénio, azoto, vanádio e níquel, em contraste com o betume ou todo o petróleo [38]. A menor concentração de hidrogénio proporciona uma densidade mais elevada de 1100 - 1200kg/m³ quando comparada com cerca de 1000kg/m3 para o betume e menos de 1000kg/m3 para outros petróleos e óleos pesados [2,26,38,39].

Os asfaltenos também foram definidos em termos de estrutura química e análise elementar e, por vezes, com base na fonte carbonácea [34]. Os estudos de Speight e Moschopedis demonstraram que as fracções de asfalteno precipitadas por diferentes solventes de uma série de fontes petrolíferas apresentavam diferentes composições elementares [34,40]. Nos seus estudos, Long demonstrou que os asfaltenos apresentam uma ampla divisão de polaridades e pesos moleculares e, assim, desenvolveu um conceito de que os asfaltenos se baseiam no comportamento de solubilidade de materiais hidrocarbonados de alto ponto de ebulição em benzeno e hidrocarbonetos n-paraffm de baixo peso molecular [34,41]. O comportamento de solubilidade observado é explicado como o produto de consequências físico-químicas causadas por um espetro de propriedades químicas [34]. A fim de compreender claramente o comportamento de precipitação em solvente de materiais originários de diferentes fontes carbonosas, Long esclareceu que o peso molecular e a polaridade molecular devem ser considerados como propriedades separadas das moléculas e, por conseguinte, a quantificação é provavelmente alcançada através do estabelecimento de uma escala de polaridade baseada no fator de solubilidade [34]. Os asfaltenos estão relacionados com as resinas neutras, mas são insolúveis em éter de petróleo e gasolina leve [34]. As resinas actuam como um agente solubilizante ou peptizante e, por conseguinte, são necessárias para que o asfalteno se dissolva na fração destilada de um petróleo bruto [34,42].

Dickie e Yen forneceram uma função precisa das resinas petrolíferas ao apresentarem uma transição entre as fracções polares (asfalteno) e as fracções comparativamente não polares (petróleo) no petróleo, impedindo assim a reunião de agregados polares que causariam problemas de migração ou transporte do petróleo [34,43]. Os últimos em seus estudos descobriram que; as resinas são análogas às frações de asfaltenos em tamanho com a única diferença no grau de condensação. De acordo com Koots e Speight, existe uma interação estreita entre os asfaltenos, as resinas e os hidrocarbonetos aromáticos policíclicos de elevado peso molecular, razão pela qual as resinas são necessárias antes de se terminar a peptização dos asfaltenos [34,44]. Marcusson, em 1919, efectuou os primeiros estudos sobre as caraterísticas dos asfaltenos, comparando asfaltenos de petróleo e de carvão, utilizando a adsorção de HCl, e verificou que os asfaltenos de carvão e de petróleo eram semelhantes [45,46]. Assim, apesar do ambiente de deposição diferente, os asfaltenos podem ainda ter o mesmo carácter.

Quando o asfalteno foi identificado pela primeira vez, a forma mais razoável de o caraterizar era avaliar o seu peso molecular e este foi basicamente o primeiro parâmetro procurado ou investigado por muitos investigadores, porque se pensava que estava naturalmente correlacionado com o comportamento dos asfaltenos [4558]. Deve notar-se que o peso molecular não é essencialmente um bom fator para caraterizar os asfaltenos devido ao facto de os asfaltenos serem amplamente definidos através da solubilidade em pentano e/ou heptanos; por conseguinte, a utilização do peso molecular como único parâmetro para descrever o asfalteno deve ser evitada, a menos que seja combinada com outros parâmetros relevantes, tais como a polaridade, os comprimentos das cadeias alifáticas e os electrões não emparelhados [46]. Há várias décadas que diferentes investigadores dedicam muito do seu tempo à justificação estrutural dos asfaltenos, mas a sua descrição molecular específica continua a ser objeto de debate [59-61]. Em vários estudos, os pesos moleculares dos asfaltenos não ultrapassam os 1500 Daltons e, na sua maioria, rondam os 600 a 1000 Daltons [62-64], embora, sem provas diretas, muitos investigadores considerem que o salto superior se situa entre os 2000 e os 3000 Daltons [38,59,65,66]. O trabalho mais recente, baseado nos dados de RMN $H/^{x13}$ C e na composição elementar, postulou os modelos químicos para os asfaltenos (Fig. 1), enquanto alguns investigadores foram mais longe e aplicaram métodos de degradação, como a pirólise e os métodos de oxidação, para obter uma visão mais exacta das caraterísticas moleculares dos asfaltenos [60]. Os asfaltenos são ricos em anéis aromáticos, anéis nafténicos, metais (Vanádio e Níquel) e heteroátomos (Azoto, Enxofre, Oxigénio) com o tamanho dos grupos de anéis variando de 1-7 anéis num conjunto [66] (Fig. 2)

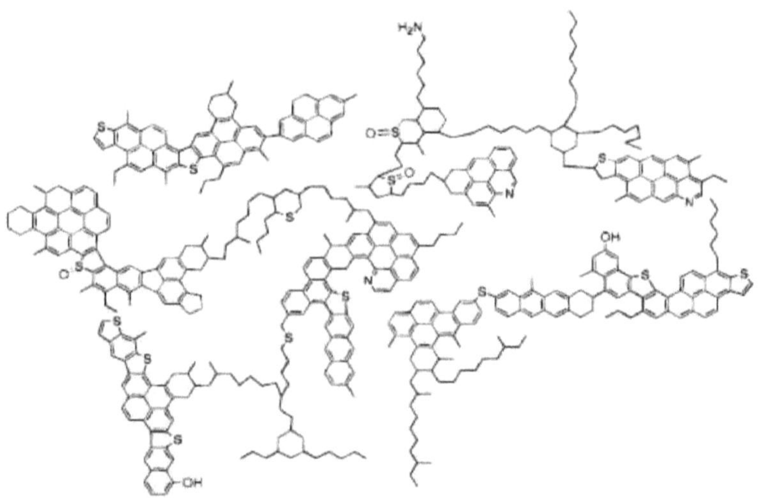

Figura 1 Modelo estrutural químico do asfalteno [60]

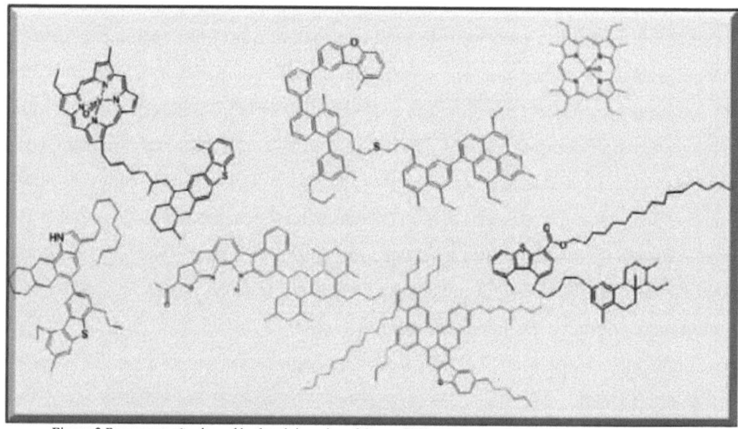

Figura 2 Representação de moléculas típicas de asfaltenos [65]

1.3.2 Sensibilidade dos asfaltenos às técnicas de separação

As propriedades dos asfaltenos apresentam ocasionalmente uma discrepância em relação ao método de separação e à técnica individual. Nellensteyn, em 1933, desenvolveu um procedimento de separação de asfaltenos quando empregou um método de separação por solubilidade do tetracloreto de carbono [46,48]. O atual método de separação de asfaltenos utilizando os solventes pentano ou heptano teve origem neste método [46,49]. Através do seu trabalho, Nellesteyn defendeu que os asfaltenos são hidrocarbonetos de maior peso molecular que formam um sistema coloidal que é adsorvido por componentes mais leves na superfície [46]. A discussão da sensibilidade do asfalteno às técnicas de separação está diretamente relacionada com as propriedades coloidais do asfalteno, as estruturas químicas, a auto-associação e o peso molecular [46,67-76]. As técnicas de separação dividem-se em medições microscópicas e macroscópicas. As medições microscópicas baseiam-se em grande medida nas operações a jusante e centram-se principalmente no peso molecular e na determinação estrutural, enquanto as medições macroscópicas são amplamente utilizadas nas operações a montante e centram-se principalmente nas propriedades coloidais e na termodinâmica [46]. Uma vez que os depósitos de asfalteno podem interromper a operação de produção na rota de produção desde o reservatório de petróleo até às linhas de produção e tanques de armazenamento, o único método possível para mitigar este problema é desenvolver um modelo de precipitação de asfalteno que tenha em conta a massa molar, a densidade e alguns dados de precipitação que serão utilizados para afinar o modelo [77]. Por vezes, tem sido difícil obter medições fiáveis das propriedades dos asfaltenos para determinar o melhor método de separação a utilizar, uma vez que os asfaltenos são uma classe de solubilidade e não um composto puro [77]. Os asfaltenos são separados como uma das fracções de solubilidade do petróleo bruto pela análise SARA; as outras fracções incluem os saturados, os aromáticos e as resinas. A quantidade e a consistência das fracções de asfaltenos separadas do petróleo bruto dependem sempre do tipo de solvente utilizado, da razão de diluição, do tempo de contacto e da temperatura [77,78] e a solubilidade dos asfaltenos é diretamente proporcional à temperatura, ou seja, aumenta com a temperatura e vice-versa [77,79]. Nos casos em que o óleo desasfaltado é subdividido por cromatografia de adsorção em resinas, saturados e aromáticos, recomenda-se a extração de asfaltenos utilizando n-pentano em vez de n-heptano, uma vez que este alcano com maior número de carbono se adsorve permanentemente na coluna cromatográfica [77]. Em numerosos estudos sobre asfaltenos, o n-heptano tem sido frequentemente utilizado como solvente de separação, simplesmente porque as propriedades dos asfaltenos não diferem significativamente com o carbono do solvente para o n-heptano e outros alcanos com maior número de carbono, como o hexano [14,77]. A maioria dos investigadores realiza experiências de separação em condições ambientes por conveniência e utiliza um tempo de contacto de 12-16 horas para separações de n-pentano e de um dia para o outro ou de 16-24 horas para separações de n-heptano [77]. Para amostras de betume, observa-se que, na maioria das técnicas/métodos de separação, é aplicada uma razão de 40cm³ /g de solvente para betume [77]. O grau de lavagem do asfalteno (lavagem com solvente) não é conhecido ou não está suficientemente comprovado, uma vez que os vários métodos experimentais comunicados não especificam com exatidão a quantidade de lavagem essencial e necessária, embora tenham sido utilizados diferentes critérios para o avaliar. O critério mais comum é a lavagem da amostra (asfalteno) até que o efluente do bolo de filtração seja incolor [77,80]. Outro princípio que existe, mas é menos aplicável, é a lavagem da amostra até que a evaporação de algumas gotas do efluente não deixe qualquer resíduo numa lâmina de vidro [77,81]. No entanto, estudos modernos mostraram que as propriedades dos asfaltenos, tais como a massa molar e a solubilidade, podem ser amplamente alteradas por pequenas quantidades de material resinoso [77,82,83]. A fim de investigar os efeitos da lavagem no rendimento e nas propriedades do asfalteno, foram comparados diferentes parâmetros, como a solubilidade, a densidade, a massa molar e o rendimento dos asfaltenos de Athabasca, para asfaltenos lavados com filtro, lavados com sonicador, lavados com soxhlet e não lavados [77]. Por conseguinte, o nível de lavagem deve ser considerado como uma parte crucial do processo de separação, mais do que se esperava anteriormente. Outros métodos, tais como ASTM D4124, IP 143 e um método sugerido por Speight, foram utilizados em alternativa para extrair os asfaltenos [77].

1.3.3 Pirólise dos asfaltenos [pirólise - cromatógrafo de fase gasosa - espectrometria de massa (Py- GC-MS)

A pirólise significa simplesmente a decomposição de moléculas grandes e complexas em fragmentos mais pequenos e mais úteis do ponto de vista analítico através da aplicação de calor [14,84]. Existe frequentemente uma tendência para as moléculas se fragmentarem de forma reprodutível quando é aplicado a uma amostra um calor adequado superior à energia de ligação específica. A pirólise analítica associada a GC (Py-GC), GC-MS (Py-GC/MS), MS direto ou FT-IR permite sempre a análise de amostras para obter informações detalhadas e únicas que não são obtidas por outros métodos analíticos [14,84]. A pirólise-cromatografia gasosa-espetrometria de massa é um método analítico de análise química em que a amostra é aquecida até à decomposição, produzindo moléculas mais pequenas que são separadas por cromatografia gasosa e detectadas por espetrometria de massa [85]. Os fragmentos produzidos pela pirólise passam pelo GC para separação e identificação; os picos principais no pirograma são regularmente identificáveis e apresentam informação estrutural direta sobre os materiais pirolisados [52] (Fig. 3). A pirólise é mencionada como uma ferramenta poderosa na identificação de amostras desconhecidas porque o número de picos, a resolução por GC capilar e as intensidades relativas dos picos permitem a discriminação entre numerosas formulações semelhantes [14,84]. A Py-GC/MS tem sido amplamente utilizada como uma ferramenta útil para a análise de polímeros, amostras insolúveis e uma vasta gama de compostos que não podem ser introduzidos diretamente na GC e uma grande quantidade de materiais pode ser caracterizada a níveis vestigiais sem qualquer pré-tratamento da amostra [86].

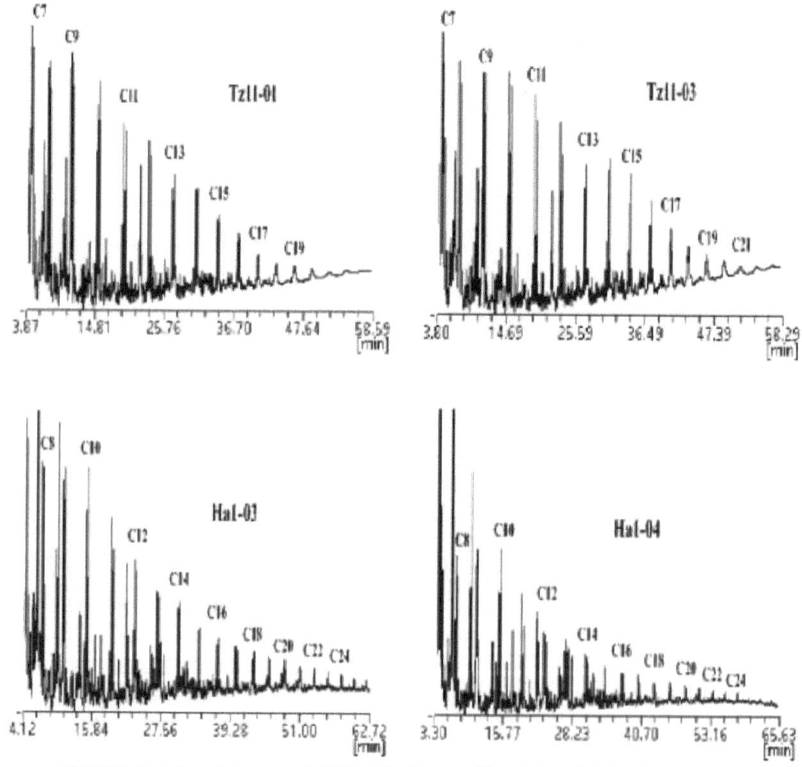

Figura 3 Exemplo típico de pirogramas de GC de pirólise flash de asfalteno da bacia de Tarim [6]

Muitos dos primeiros estudos de pirólise de asfaltenos centraram-se principalmente na explicação da sua estrutura [15-17] ou na identificação de produtos fragmentados e o rendimento dependia em grande medida da temperatura de pirólise [18-20]. Existe uma informação mínima sobre a disparidade do rendimento dos componentes individuais das fracções do produto com o tempo e a temperatura [21]. Há mais de uma década que os asfaltenos de petróleo e outros asfaltenos provenientes de rochas petrolíferas têm sido objeto de estudos pirolíticos por parte dos investigadores [9,20,87], uma vez que fornecem informações quantitativas importantes sobre a identidade, composição e estrutura [9]. Os asfaltenos isolados de dois petróleos brutos diferentes do alto Assam, na Índia, geraram alquilnaftalenos (Fig. 4) e alquilfenantenos (Fig. 5) após pirólise a 600°C e os produtos foram analisados por GC/MS [9]. Estes produtos têm sido utilizados como indicadores de maturação térmica [9,87,89,90,91]. É sabido que os asfaltenos se degradam termicamente a uma temperatura superior ou aproximada a 350°C-400°C devido às suas estruturas de hidrocarbonetos e que a atividade térmica começa a temperaturas significativamente mais baixas para vários asfaltenos de diferentes fontes devido a associações fracas, tais como ligações de cadeia aberta carbono - enxofre na estrutura [92]. No entanto, a degradação profunda não ocorrerá até que seja atingida uma temperatura de cerca de 400°C [92]. Mahmood et al 1984 nos seus estudos para os asfaltenos em tetralina descreveram que a cisão da ligação B é significativa nas fases iniciais da reação e os asfaltenos são rapidamente transformados em maltenos e voláteis com apenas quantidades insignificantes de carbenos e coque gerados [92].

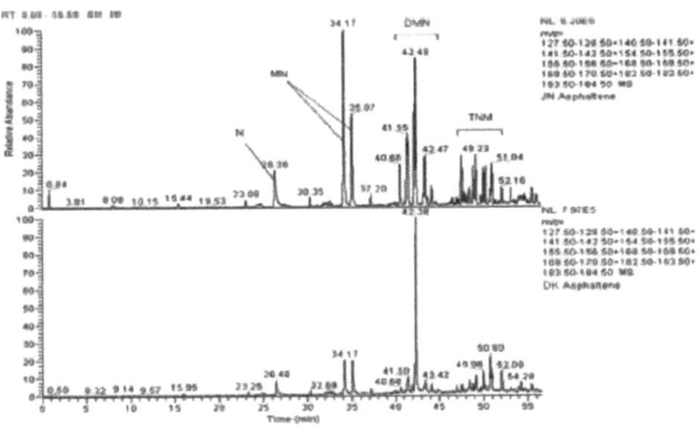

Figura 4 Cromatogramas de massa para alquilnaftalenos de dois pirolisados de asfalteno, N-naftaleno; MN-metilnaftaleno; DMN-dimetilnaftaleno. [9]

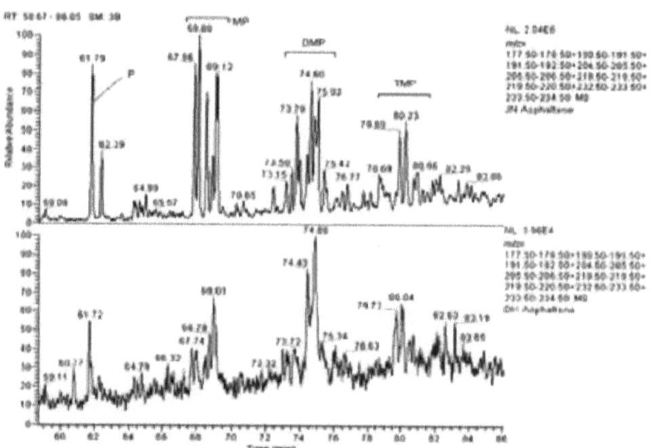

Figura 5 Cromatogramas de massa de alquilfenantrenos de dois pirolisados de asfalteno. P-fenantreno; MP-metilfenantreno; DMP-dimetilfenantreno; TMP-trimetilfenantreno. [9]

O pirolisador CDS e o Py-GC/MS têm uma vasta aplicação na identificação de materiais poliméricos sintéticos, vernizes sintéticos, em universidades, para amostras ambientais, em laboratórios forenses, noutros laboratórios e em contextos governamentais [14,84,93,94]. O Py-GC/MS é também utilizado para determinar a composição bioquímica das microalgas, identificando compostos marcadores de pirólise de componentes bioquímicos individuais das microalgas [95]. Por conseguinte, sendo a pirólise analítica um método altamente reprodutível, pode ser útil para análises qualitativas e quantitativas.

1.3.4 Deteção de asfalteno por análise de espetroscopia Raman

Os asfaltenos, como precipitados sólidos ou resíduos gerados a partir da separação química ou da destilação do petróleo, têm sido encontrados em fracções baixas nos óleos convencionais, em comparação com os hidrocarbonetos líquidos e sólidos [96,97], embora representem uma proporção maciça de petróleo em derrames de petróleo provocados pelo homem, em infiltrações de petróleo que ocorrem naturalmente, em óleos pesados como as areias betuminosas, em bloqueios de oleodutos e outras infra-estruturas [96-98]. Naturalmente, os asfaltenos e os materiais que lhes estão associados são não voláteis e quimicamente inertes; este facto torna complexa a deteção de quantidades vestigiais, dificultando assim o estudo dos asfaltenos em sistemas naturais não-petrolíferos às escalas geológica, ecológica e orgânica [96]. A espetroscopia Raman foi então desenvolvida por numerosos investigadores como um instrumento poderoso para avaliar o grau de alteração térmica da matéria orgânica carbonosa [99] e vários artigos explicaram como as caraterísticas espectrais Raman e os factores associados da matéria orgânica sólida geológica, tais como carvões, fósseis carboníferos e materiais carbonosos, são utilizados como indicadores da maturidade térmica [99-101,103-113]. É, portanto, definido como um método analítico flexível que é competente na caraterização da composição de materiais orgânicos e inorgânicos [114]. É amplamente reconhecido como uma das principais ferramentas versáteis acessíveis para a caraterização de amostras de interesse astrobiológico [114] e é frequentemente proposto como carga útil em muitos landers planetários [114,115]. Através da aplicação de uma fonte de luz monocromática verde, a espetroscopia Raman provou ser um instrumento útil para caraterizar matéria orgânica fóssil [96,116], mineralogia [114,115], pigmentos biológicos em rochas e sedimentos [96,117,118], compostos biológicos como pigmentos em organismos endolíticos e líquenes [114,119,120] e diferentes formas de carbono recalcitrante como o diamante e a grafite, coletivamente designados por compostos orgânicos não biológicos [114,116]. No modo microscópico, a técnica também pode ser aplicada para mapear espacialmente bandas vibracionais chave ligadas a uma determinada molécula [114,123].

A popularidade científica desta técnica baseia-se no facto de ser necessária muito pouca ou nenhuma preparação da amostra para diferentes matrizes de amostra e de ser necessária apenas uma pequena quantidade de amostra numa granulometria fina [100,104,110,111]. No entanto, estes méritos são largamente minimizados quando o componente orgânico de interesse está disponível numa concentração muito baixa [96,122,123]. Quando isto acontece, não é possível identificar bandas Raman claras e a caraterização e deteção do asfalteno (analito) é impossível porque apenas cerca de 1 em cada 10^6 fotões são dispersos por Raman e, por conseguinte, a deteção de quantidades vestigiais de analito dispersas numa matriz de amostra é difícil [114,124]. Para resolver este problema, podem ser interessantes as seguintes formas possíveis de análise de vestígios de amostras: a utilização da espetrometria de massa de ressonância cíclotrónica de iões com transformada de Fourier (FT-ICRMS) [96,125], a dispersão Raman melhorada na superfície (SERS) e a dispersão Raman com ressonância melhorada na superfície (SERRS) [96,114]. Os dois últimos fornecem sinais significativamente melhorados entre 10^5 e 10^9 através de interações com a substância a analisar em plasmões de superfície gerados localmente e mantidos numa superfície metálica rugosa, por exemplo Cu, Ag e Au [96, 114,124,126,127]. Foi relatado que a utilização de substrato de prata para obter condições SERS melhora grandemente moléculas como as tetraporfirinas e os hidrocarbonetos aromáticos policíclicos (PAH) nos ácidos húmicos, que estão estruturalmente correlacionados com o peso molecular elevado e maior e com a capacidade de se tornarem mais sensíveis à luz.

compostos aromatizados no petróleo [96,123,123,128,129] enquanto que, aplicando o microscópio Raman convencional a uma fonte de luz de comprimento de onda de 514 nm, um substrato SERS de ouro revestido por pulverização catódica facilitou a deteção de petróleo e asfalteno a uma concentração inferior a 50 ppm, o que é superior aos limites de deteção anteriormente comunicados para os asfaltenos [96,130]. Outros estudos sobre os limites de deteção do asfalteno e do petróleo através da diluição de soluções revelaram que a banda G pode sempre ser detectada quando a banda D não pode [96]. As bandas Raman a $1367 cm^{-1}$ e $1599 cm^{-1}$ são uma caraterística essencial dos espectros do substrato de ouro e constituem um forte indicador das fracções de asfalteno em amostras de óleo inteiro [96] (Fig. 6). A técnica frequentemente utilizada mede a intensidade de duas bandas Raman compostas largas a cerca de $1585 cm^{-1}$ e $1350 cm^{-1}$ geradas pela dispersão Raman da luz induzida por um laser de 532nm [96,99,116,131] e os materiais carbonosos desordenados apresentam bandas

^{22}

caraterísticas do carbono sp desordenado que causa variação no estiramento do anel C-C aromático [96,132,133]. Em geral, a banda Raman entre $1350 cm^{-1}$ e $1380 cm^{-1}$ é conhecida como banda D; corresponde ao modo vibracional de uma rede grafítica desordenada com uma simetria A_{1g} [96,100'102,133] e tem origem em heteroátomos que contêm unidades na camada de carbono do grafeno que estão próximas das perturbações da rede [96,135]. A banda Raman larga entre $1580 cm^{-1}$ e $1615 cm^{-1}$ é designada por banda G e é atribuída a vibrações do modo ordenado da rede grafítica com uma simetria E_{2g} originada por carbonos aromáticos em materiais carbonosos [96,99' 102,132,133,135,136]. Numerosas formas de carbono são caracterizadas por parâmetros espectrais, tais como as posições dos picos (W_G & W_D), as áreas dos picos (A_G & A_D), as intensidades (I_G & I_D) e a FWHM (Full'width at half maximum) das bandas D & G [100,137]. O rácio de intensidade ID I_G é útil para estimar o tamanho dos cristais de grafite para prever a maturidade do cristal de grafite [137,138], enquanto as posições dos picos e a FWHM são utilizadas para medir o grau de desordem [137]. As investigações sobre rochas metamórficas confirmaram que, com o aumento da ordenação estrutural carbonácea a um nível elevado de maturação térmica, o tamanho das bandas D diminui em relação às bandas G [99,133,139,140] e trabalhos recentes mostraram que a alteração térmica na fase inicial aumenta o parâmetro R1 (rácio das áreas dos picos D e G) [99,141'143].

O asfalteno de petróleo, os macerais de carvão e o querogénio demonstraram ter espectros Raman semelhantes pela técnica SERS devido às suas grandes semelhanças estruturais [96,144].

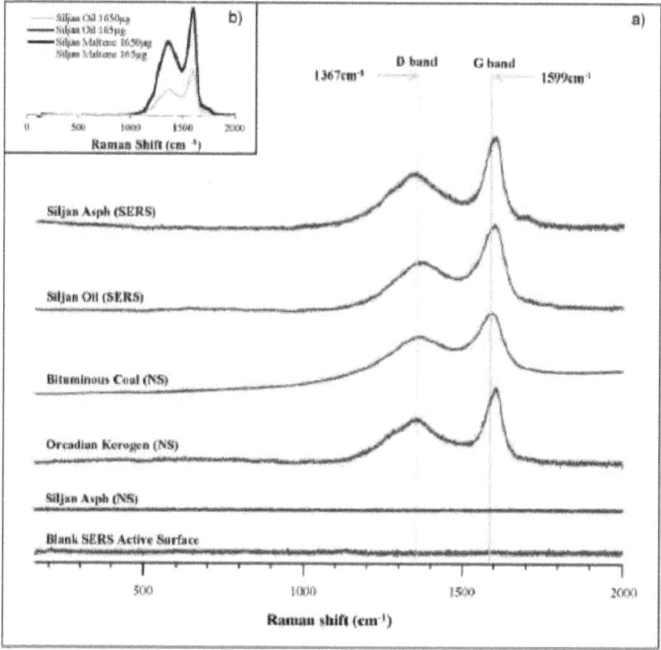

Figura 6 Espectros Raman de superfície típicos para asfalteno, óleo integral, carvão betuminoso e querogénio [96]

CAPÍTULO 2: METODOLOGIA

A fim de atingir os objectivos deste projeto de investigação, foram desenvolvidos e utilizados os seguintes materiais e métodos.

2.1 Extração de asfalteno de uma amostra de betume

Ayad N. Faqi (estudante de doutoramento) da Universidade de Aberdeen forneceu amostras de betume natural de vazios calcários dolomíticos da cintura de Zagros Thrust do Curdistão, no Iraque, para a extração/isolamento dos componentes de asfalteno necessários para este fim. Uma quantidade suficiente de amostra de betume foi primeiramente dividida em pequenos pedaços e colocada num frasco; dissolvida com diclorometano (DCM) e/ou a mistura de diclorometano e hexano (DCM: HEX). Quando o betume foi completamente dissolvido em DCM, foi adicionado um solvente n-hexano à solução como precipitante para permitir a separação do asfalteno de outros componentes, como os maltenos. A mistura foi deixada a formar um precipitado de asfalteno num ambiente fresco (colocado num frigorífico) durante uma noite para facilitar a precipitação e, em seguida, o n-hexano adicionado foi regularmente removido e um novo n-hexano foi adicionado durante pelo menos 2-3 horas até que todo o asfalteno tenha precipitado do resto dos componentes quando o n-hexano foi removido como uma solução clara.

2.2 Adsorção da amostra de asfalteno em sílica-gel e pirite

A fim de estudar os efeitos cinéticos da decomposição do asfalteno em diferentes minerais e devido às suas propriedades pegajosas, a amostra foi adsorvida em sílica-gel (60-120 mesh) e em minerais de pirite (menos de 845μm) para simplificar a sua remoção para análise posterior (espetroscopia Raman). Idealmente, entre 0,5 mg e 1 mg de asfalteno foram adsorvidos em 5 mg a 10 mg de sílica/pirite. A amostra foi então seca utilizando um aquecedor de placa quente normal a uma temperatura inferior a 250°C para evitar a decomposição do asfalteno.

2.3 Pirólise - Cromatografia gasosa - Espectrometria de massa (Py-GC-MS)

2.3.1 Preparação da amostra antes da pirólise

O tubo de quartzo (2,5 cm de comprimento) foi utilizado para colocar as amostras adsorvidas para pirólise. A extremidade inferior do tubo de quartzo foi preenchida com um pequeno pedaço de lã de vidro; uma pequena quantidade de asfalteno

A amostra adsorvida (30-170mg), tanto para a sílica como para a pirite, foi colocada no tubo de quartzo, enchendo cerca de dois terços do tubo e, em seguida, a outra extremidade do tubo foi coberta com um pedaço de lã de vidro para manter a amostra no lugar (Fig. 7). O tubo foi pesado antes e depois da colocação da amostra antes da pirólise para permitir calcular a massa da amostra utilizada.

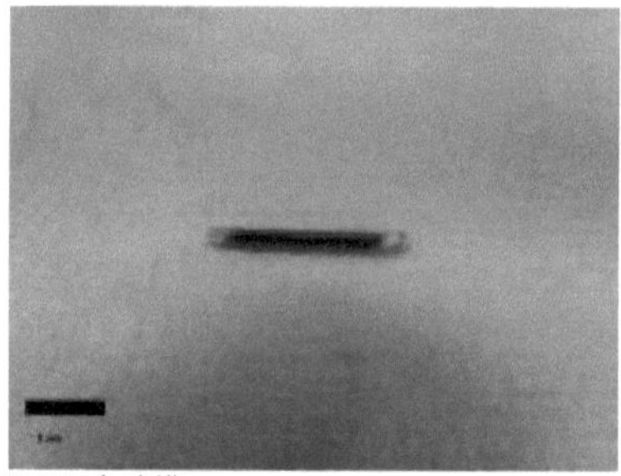

Figura 7. Tubo de quartzo contendo a amostra antes da pirólise

2.3.2 Pirólise instantânea

A pirólise da amostra foi efectuada por uma sonda pirotécnica CDS1000 (Fig. 8) que liberta termicamente os hidrocarbonetos da amostra de asfalteno. A temperatura da interface foi de 330°C com uma taxa de rampa de 5°C/min, a temperatura programada variou de 750°C a 1000°C e o tempo de espera variou de 8 segundos a 15 segundos. O tubo de quartzo contendo a amostra foi então cuidadosamente colocado na bobina de platina da sonda (Fig. 9) e colocado na interface da sonda (Fig. 10). Assim que a amostra foi ligada ao GC, a temperatura da interface foi aumentada para 280°C e o forno começou a arrefecer instantaneamente da temperatura ambiente (60°C) para -50°C. Em seguida, a pirólise foi activada premindo o botão de arranque no GC e na piro-sonda. A pirólise começou imediatamente e os pirolisados foram diretamente introduzidos na coluna capilar para separação. A funcionalidade da pressão da coluna foi verificada assegurando que a pressão descia quando a interface era aberta e subia novamente quando a sonda estava no sítio. Toda a interface foi coberta com folha de alumínio (Fig. 11) para preservar o calor e evitar que as correntes de ar arrefeçam a interface. A interface foi ligada a um cilindro de ar comprimido, o que permite o arrefecimento da interface após cada ensaio. O tubo foi novamente pesado após a pirólise para determinar a quantidade de amostra pirolisada.

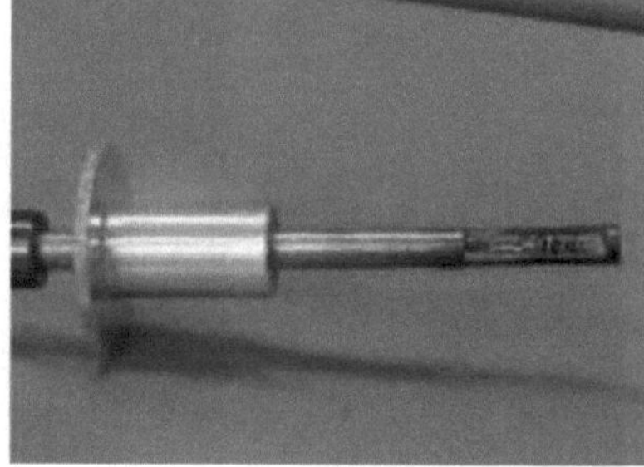

Figura 8 A piro-sonda CDS1000Figura 9 A sonda com o tubo de amostra na bobina de platina

Figura 10 A sonda na interface da sondaFigura   11 A interface coberta com folha de alumínio

2.3.3 Cromatografia gasosa - Espectrometria de massa

A sonda piroeléctrica CDS1000 foi acoplada ao cromatógrafo de fase gasosa Hewlett-Packard 5890 série II (HP5890), equipado com uma coluna capilar de 30 m de comprimento, 0,25 mm de diâmetro interno, 0,25um de espessura de película, HP-1ms, ligada a um detetor seletivo de massa (MSD) HP5972 (Fig. 12). Utilizou-se hélio como gás de arrastamento, com um caudal de cerca de 1 ml por minuto e um rácio de separação de 1:100. A temperatura inicial da coluna foi de -50° C durante 2 minutos, a temperatura do injetor do GC foi de 310° C, o programa de temperatura foi de 5,0° C por minuto e a temperatura máxima do forno foi de 325° C devido à estabilidade térmica limitada da coluna capilar e da fase estacionária. A temperatura do forno foi regulada para 60° C após cada ciclo para evitar o arrefecimento automático do GC para -50° C. Foram utilizados dois modos de aquisição de dados; um deles foi um modo de varrimento completo, que só foi utilizado para a amostra de carvão, a fim de apoiar a identificação e a interpretação dos produtos de pico do asfalteno, e o outro método foi um modo de varrimento completo, que foi utilizado apenas para a amostra de carvão.

Modo de monitorização de iões selecionados (SIM). Os iões SIM selecionados foram 15, 27, 41, 42, 43, 71, 83, 85, 91, 92, 113, 128, 142, 178 e 192. O tempo de análise para uma amostra foi de 122,50 minutos. Os dados adquiridos foram processados com o software HP Chemstation e a identificação dos compostos/picos foi efectuada a partir da comparação dos produtos de pirólise do carvão, dos seus espectros de massa, da interpretação dos padrões de fragmentação MS, utilizando dados da literatura e da comparação dos tempos de retenção dos picos observados com os dos compostos padrão.

Figura 12 Instalação do HP5890 GC (A) e do HP5972 MSD (B) com uma sonda pirotécnica CDS1000 (C)

2.4 Análise da espetroscopia Raman

Após a pirólise das amostras de asfalteno (Fig. 13), os resíduos das amostras foram analisados para identificação das matérias sólidas carbonosas presentes no asfalteno. O espetrómetro Renishaw InVia reflex Raman (Fig. 14) foi utilizado para obter espectros Raman para determinar as ligações e as composições moleculares. A preparação da amostra não é necessária; o resíduo foi simplesmente colocado numa lâmina de estanho ou de vidro e colocado no microscópio Raman para análise. Foi utilizada uma fonte de excitação laser verde Ar· com um comprimento de onda de 514 nm e um microscópio de luz reflectida Leica DMLM para iluminar o laser. A ampliação do objeto foi de x50 e o laser foi focado num ponto de 2pm para recolher a radiação retrodifundida; a potência do laser foi fixada em 50% para evitar a saturação dos sinais, a ablação do laser na amostra e para reduzir o fundo forte causado pela auto-fluorescência. Para melhorar a relação sinal/ruído, o tempo de exposição da amostra foi de 12-15 segundos e o número de acumulações de sinal foi de 3 aquisições. Os dados foram processados utilizando o software de ajuste de curvas WIRE 2.0 da Renishaw. Em cada amostra, foi efectuada a suavização, a subtração da linha de base e o ajuste da curva. Quando o Raman, o computador, a plataforma, o software wire 2.0 e o laser 514nm foram ligados, o instrumento foi deixado durante 30 minutos antes de começar a ser utilizado para estabilização das emissões. A análise dos desvios de comprimento de onda recolhidos na espetroscopia vibracional foi útil para identificar a composição do resíduo, uma vez que picos de espectros diferentes correspondem a excitações Raman diferentes. O equipamento é simples e facilmente automatizado para utilização. O método é amplamente utilizado em química porque oferece uma impressão digital através da qual as moléculas podem ser facilmente identificadas e a informação vibracional obtida é mais definida para a simetria e as ligações químicas das moléculas.

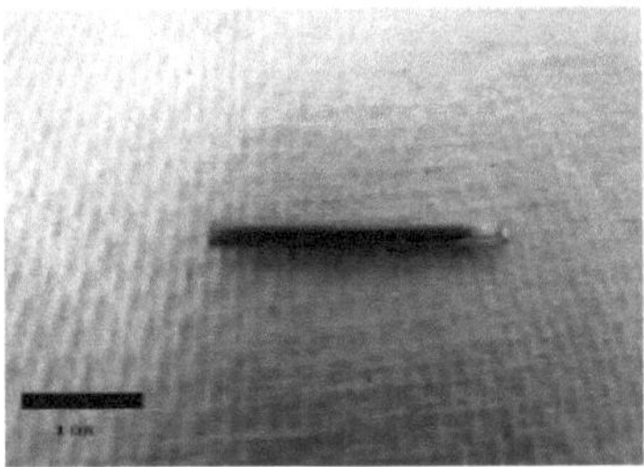

Figura 13 Tubo de quartzo com amostra de asfalteno após pirólise

Figura 14 Configuração do espetrómetro Raman InVia da Renlshaw

19

CAPÍTULO 3: RESULTADOS E DISCUSSÃO

3.1 Mecanismo de pirólise do asfalteno em matriz mineral adsorvida

Neste trabalho, a pirólise-GC/MS foi utilizada como técnica analítica destrutiva para distinguir os produtos de asfalteno produzidos a partir de matéria-prima de matriz de quartzo/sílica e pirite. O mecanismo de pirólise do asfalteno, que envolve a decomposição de moléculas grandes e complexas em fragmentos mais pequenos através da utilização de calor, é considerado muito semelhante aos processos de catagénese [145], em que a fissuração de materiais resulta na conversão de querogénios orgânicos em hidrocarbonetos úteis. As moléculas mais pequenas são formadas por craqueamento com um aumento progressivo da temperatura e a taxa de craqueamento pode ser afetada pela composição geral do asfalteno devido a influências nas reacções de iniciação e propagação de radicais [146]. A formação de produtos depende muito das reacções de transferência de hidrogénio, semelhantes às observadas durante a catagénese (Fig. 15). A desintegração térmica progride através da formação de radicais e a elevada reatividade dos radicais tende a iniciar reacções frequentes, repetidas e paralelas. Os modelos de distribuição de produtos, especialmente para o n-alcano, implicam um mecanismo de radicais livres que envolve reacções em cadeia que abrangem processos de iniciação, propagação e terminação [146]. Durante a pirólise, os compostos de asfalteno foram degradados a diferentes taxas, mas apenas alguns compostos continuam a existir numa forma identificável. No processo, as alterações bioquímicas de gases como CH_4, CO_2, H_2S, N_2O, N_2 e NH_3 também podem ser geradas com a perda de grupos funcionais [146]. O metano foi gerado por uma clivagem das ligações C-C durante o cracking de hidrocarbonetos e necessita de menos energia para quebrar a ligação C-$_{1212}$ C em comparação com uma ligação C-$_{1312}$ C [146]. Os compostos de azoto, enxofre e oxigénio estão presentes em quantidades variáveis na porção de hidrocarbonetos aromáticos do asfalteno, mas são frequentemente menos detectados/abundantes do que os principais hidrocarbonetos verdadeiros, como o benzeno, o naftaleno, o fenantreno e os seus derivados alquilados, porque são considerados altamente resistentes a muitos processos de alteração secundários [146]. Com a combinação de pirite, que também contém enxofre, as cadeias de alquilo estão ligadas aos núcleos de asfalteno por ligações C-S e S-S, que são consideravelmente mais fracas do que as ligações C-C e C-O [147-149]; por conseguinte, uma temperatura mais baixa foi suficiente para gerar produtos e a quebra de ligações S mais fracas está frequentemente associada a fragmentos maiores do que o normal [146], tal como observado neste estudo em produtos de pirólise de asfalteno adsorvido em pirite.

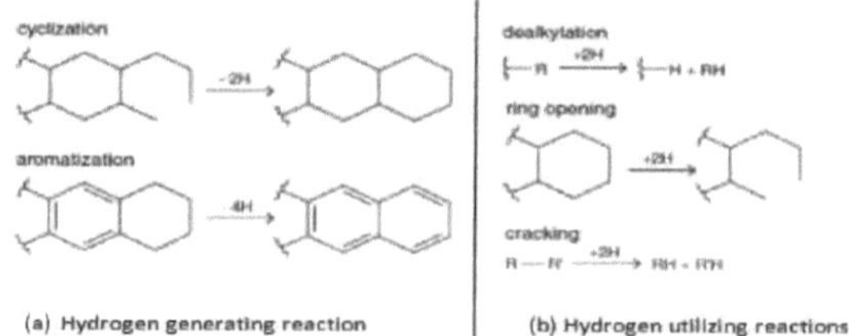

Figura 15 Reacções típicas de transferência de hidrogénio durante a pirólise [146]

3.2 Produtos de pirólise do asfalteno adsorvido em sílica e pirite

Para uma melhor identificação dos compostos nos pirogramas resultantes e para efeitos de comparação, uma amostra de carvão foi primeiro pirolisada e utilizada como referência ou padrão para a identificação dos picos, devido ao facto de o asfalteno e o carvão terem um comportamento estrutural e de decomposição semelhante (Fig. 16). Os cromatogramas de massa foram registados a m/z 15, 27, 41, 42, 43, 71, 83, 85, 91, 92, 113, 128, 142, 178 e 192 para identificação dos compostos. Os compostos identificados incluem uma gama de hidrocarbonetos (C1-C32); n-alcanos, n-alcenos e hidrocarbonetos aromáticos. Incluem gases de hidrocarbonetos leves (C1-C4) que foram identificados por m/z 15,27,42,43, hexano (m/z 41), decano (m/z 71), n-alcenos (m/z 83), n-alcanos (m/z 85), derivados do alquilbenzeno, como o xileno/tolueno ou o etilbenzeno (m/z 91,92), isoprenóides acíclicos - pristano (m/z 113), naftaleno e derivados do alquilnaftaleno - metilnaftalenos (m/z 128, 142) (Fig. 17). Os cromatogramas de iões totais (TIC) foram também comparados com os cromatogramas em branco de minerais individuais para identificar qualquer pico em branco/contaminante nos cromatogramas dos produtos de pirólise (Fig. 18 e 19). O pico que se destaca em m/z 91 é sujeito ao impacto do ião tropílio; resultou do reescalonamento do anel de benzeno substituído por alquilo, como se mostra abaixo.

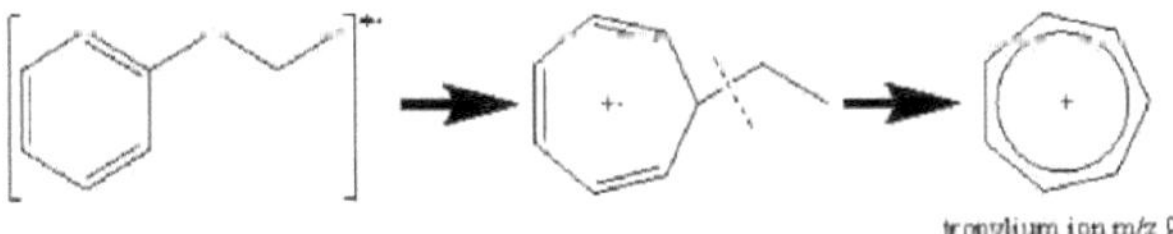

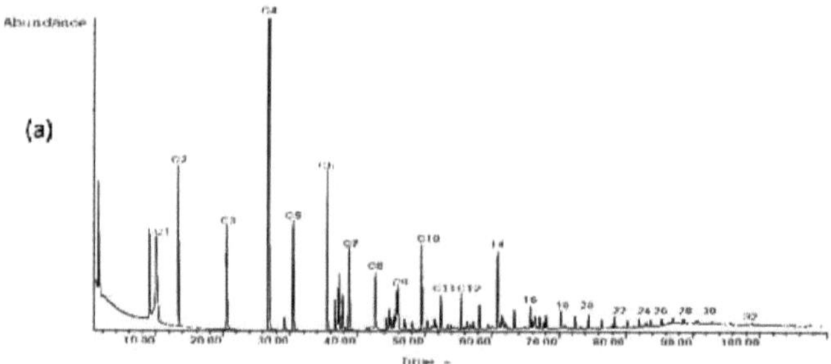
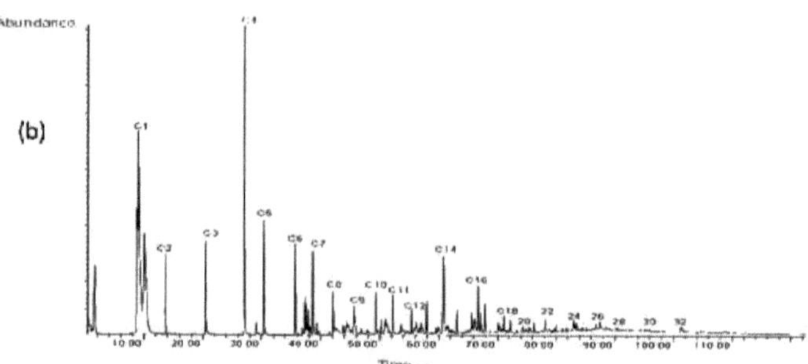
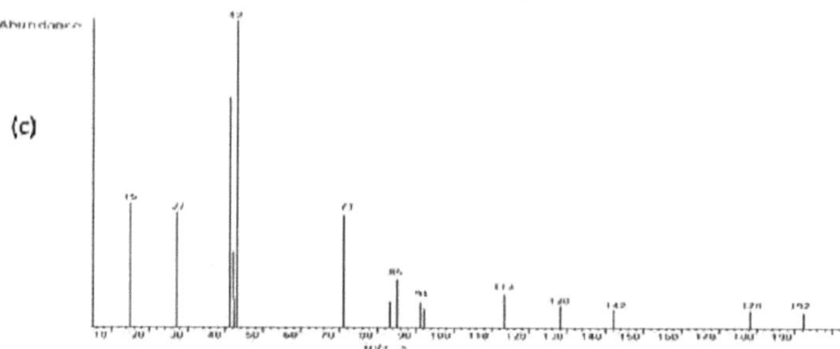

Figura 16 Representação da identificação dos picos dos produtos de pirólise (a) utilizando o cromatograma de massa da amostra de referência (b) e o respetivo cromatograma de iões moleculares (c)

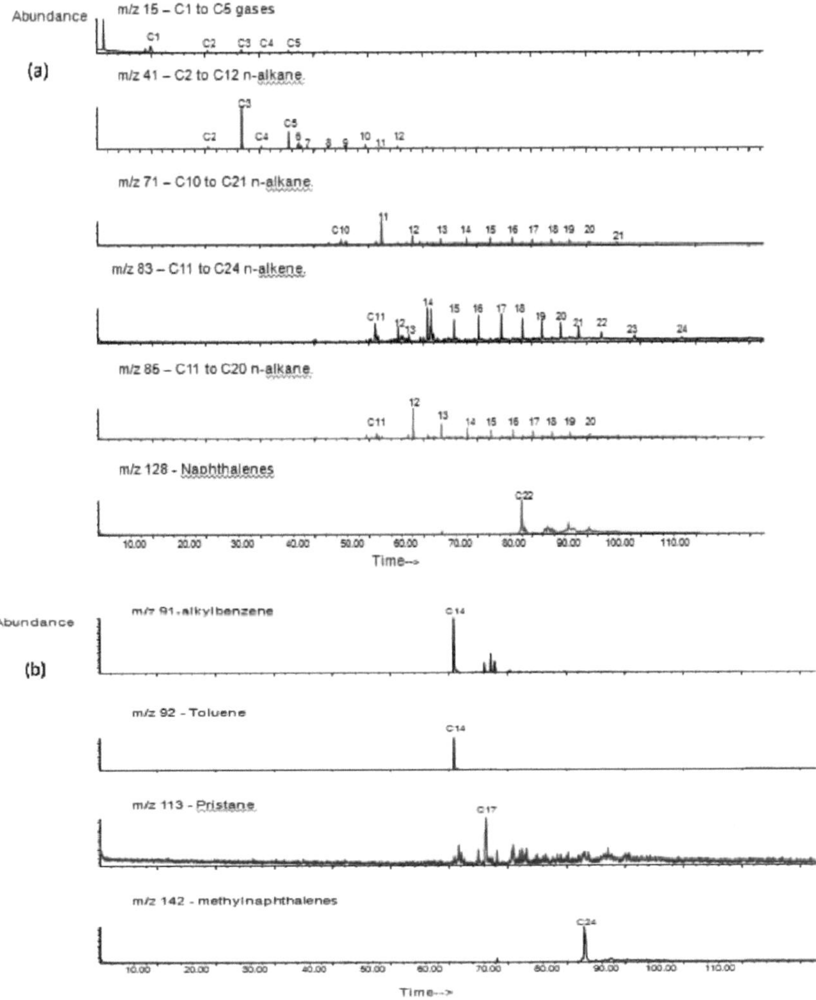

Figura 17 Fragmentogramas de massa representativos dos produtos de pirólise identificados (a) e (b) do asfalteno adsorvido em sílica e pirite

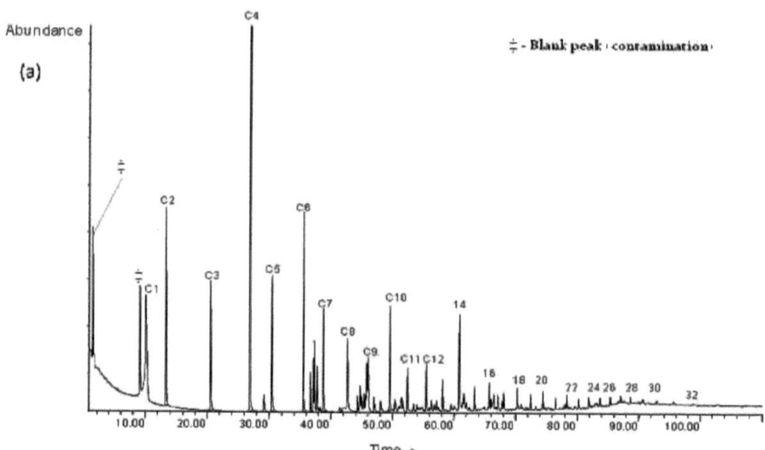

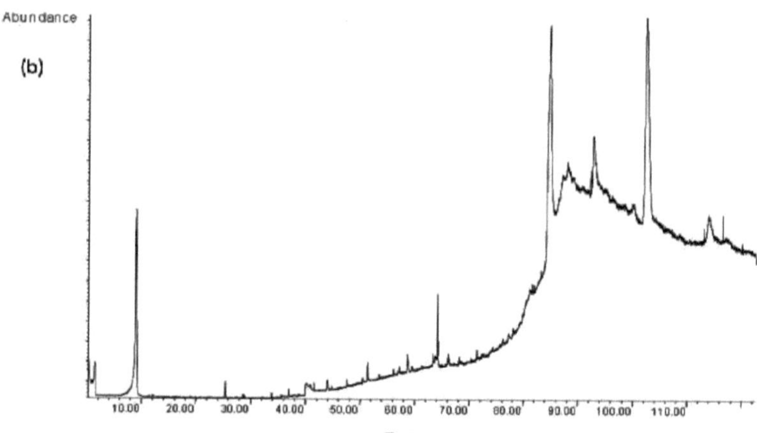

Figura 18 Cromatograma de massa de asfalteno adsorvido em sílica gel (a) e de sílica gel pura (b) para identificação de contaminantes nos picos de pirólise

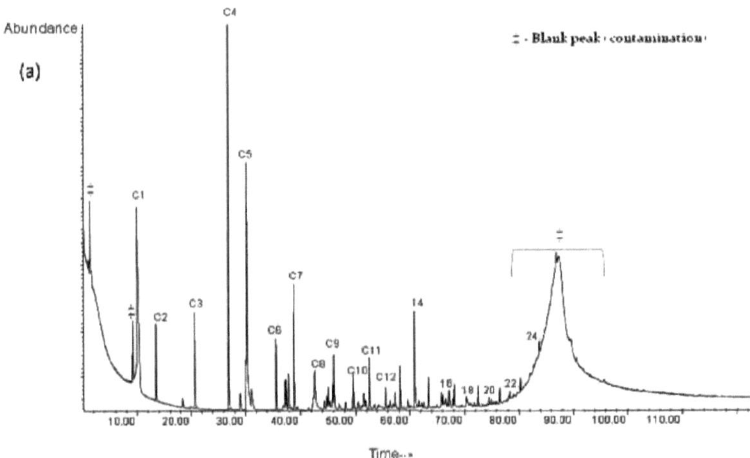

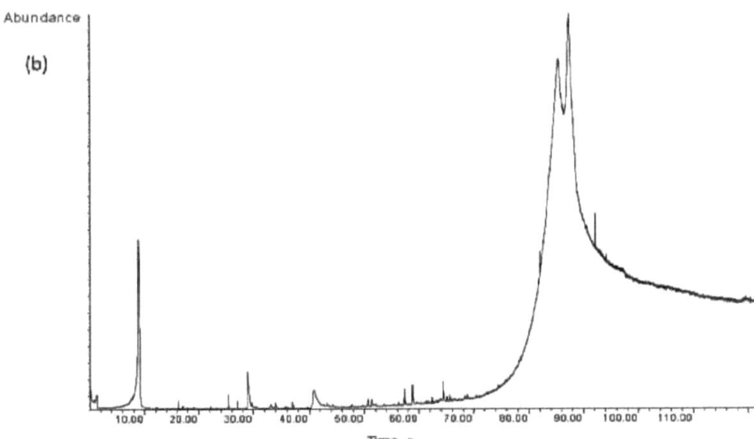

Figura 19 Cromatograma de massa do asfalteno adsorvido na pirite (a) e da pirite pura (b) para identificação de contaminantes nos picos de pirólise

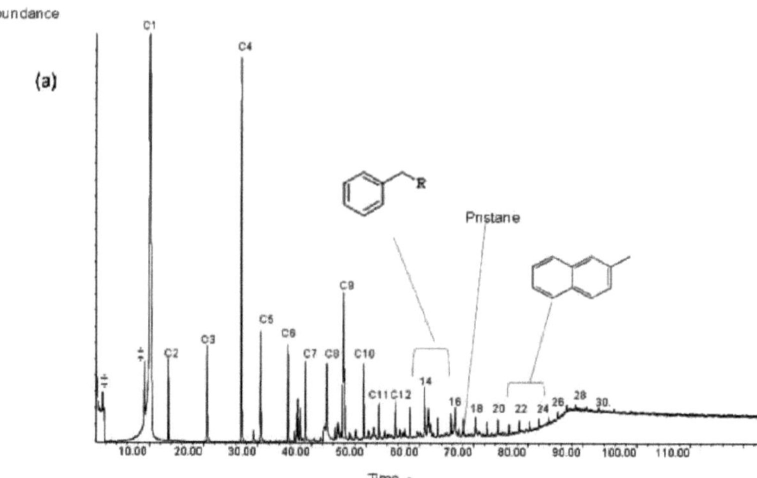

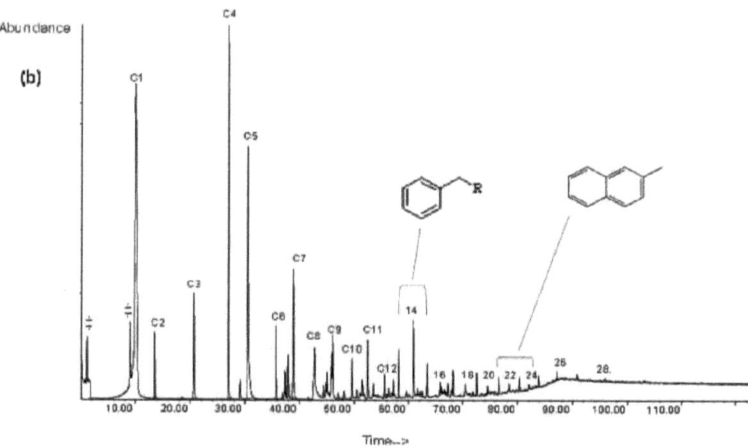

Figura 20 Cromatograma de iões totais para o asfalteno adsorvido em sílica (a) e pirite (b) a uma temperatura de pirólise de 750°C com uma duração de aquecimento de 10 segundos

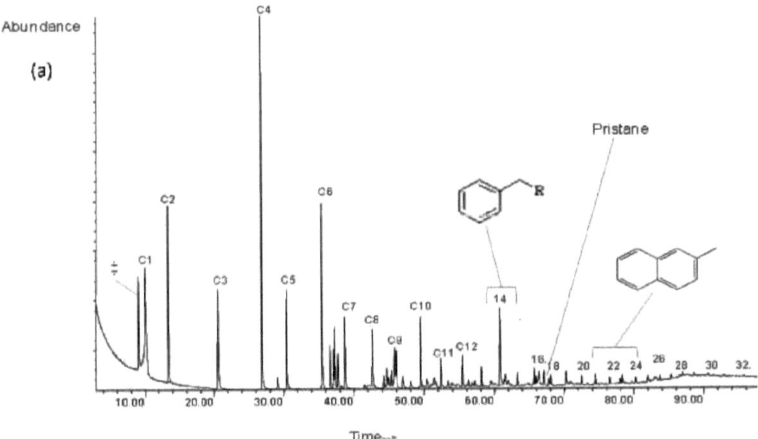

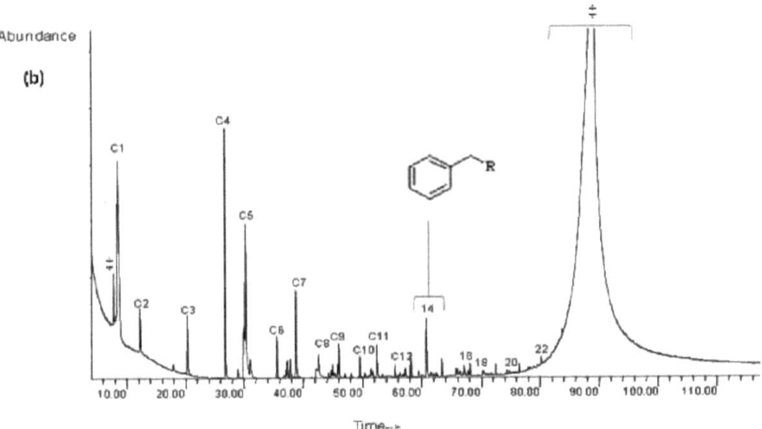

Figura 21 Cromatograma de iões totais para o asfalteno adsorvido em sílica (a) e pirite (b) a uma temperatura de pirólise de 850°C com 10 segundos de duração do aquecimento

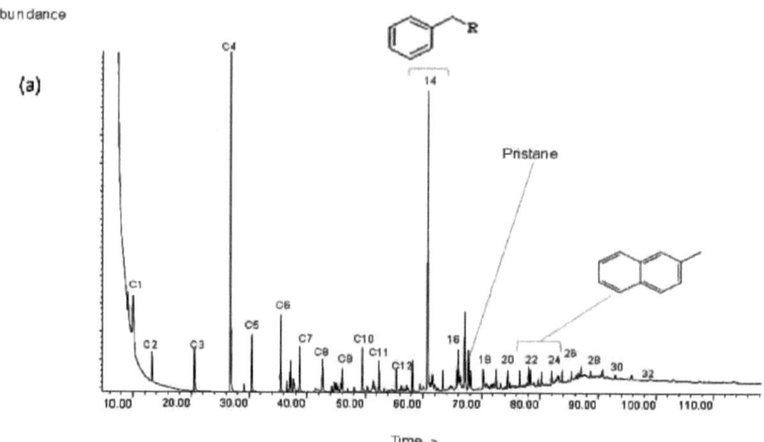

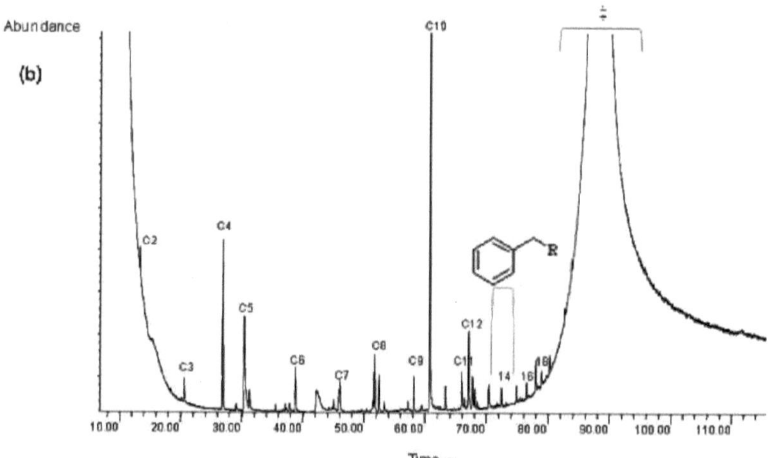

Figura 22 Cromatograma de iões totais para o asfalteno adsorvido em sílica (a) e pirite (b) a uma temperatura de pirólise de 1000°C com uma duração de aquecimento de 10 segundos

Para efeitos de comparação, são aqui discutidos alguns cromatogramas de massa de iões totais (TIC) para a adsorção de sílica e pirite a diferentes temperaturas, mas com o mesmo tempo de aquecimento/manutenção (Fig. 2022) e os restantes são apresentados em apêndice para mais referências (ver apêndice). Com base na observação visual dos pirogramas selecionados, é óbvio que há uma diminuição do rendimento do produto com o aumento da temperatura, tanto para a sílica como para a pirite. Enquanto há uma diminuição gradual de todos os produtos com a adsorção de sílica, há um desaparecimento completo de alguns produtos como o naftaleno e os seus derivados (C21-C24) na adsorção de pirite a 850°C e 1000°C. Uma maior integração destes cromatogramas mostrou que o pristano só está disponível na adsorção de sílica e está presente em quantidade insignificante ou completamente ausente na adsorção de pirite. A possível razão para esta extinção de produtos nas experiências com pirite pode ser contribuída por efeitos de cracking induzidos pela consequência catalítica da pirite. Outro método de pirólise, a hidropirólise, também produz produtos de pirólise com menores quantidades de pristano [145]. Apenas uma análise precisa e sensível como a Py-GC/MC pode detetar estes biomarcadores (pristano) devido às suas estruturas complexas e frequentemente presentes em pequenas concentrações.

3.3 Comparação dos produtos de pirólise do asfalteno adsorvido na sílica e na pirite

Nesta tese, as diferenças entre os produtos de pirólise do asfalteno adsorvido na sílica e na pirite são avaliadas através de um conjunto de razões de área de picos selecionados no cromatograma, razão entre os produtos de pirólise e a quantidade de asfalteno pirolisado (rendimento do produto) e razões entre vários produtos de pirólise. Foram efectuados vários rácios repetidos para que esta decisão funcionasse. Todos estes rácios são representados em função da temperatura e do tempo para encontrar os padrões visuais distintivos entre as duas matrizes de matéria-prima que permitirão compreender e detetar qualquer efeito causado pelo analito/matéria-prima. O cromatograma do n-alcano (m/z 85) e do n-alceno (m/z 83) a diferentes temperaturas (750°C, 850°C e 1000°C) e tempos (8 seg., 10 seg. e 15 seg.) foi selecionado para comparação das razões das áreas dos picos, tendo sido calculada a razão C14/C16 para o n-alceno e a razão C12/C14 para o n-alcano (Fig. 23). É de notar que todos os gráficos estão representados em escalas logarítmicas (Fig. 24-28) e que a tabela de resultados está anexada no apêndice (ver apêndice).

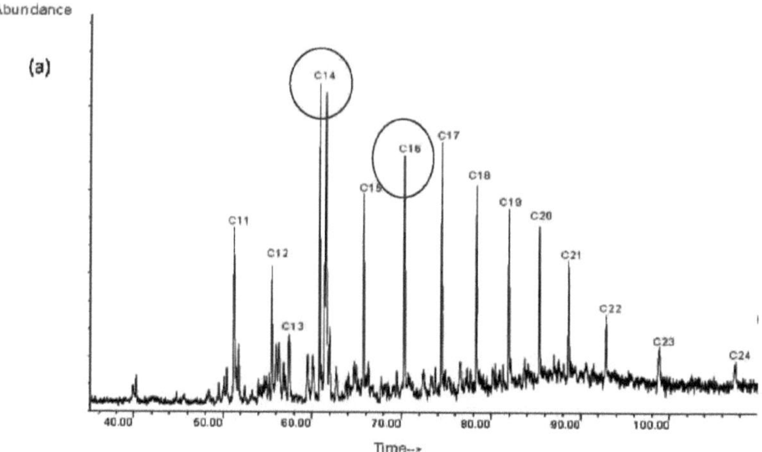

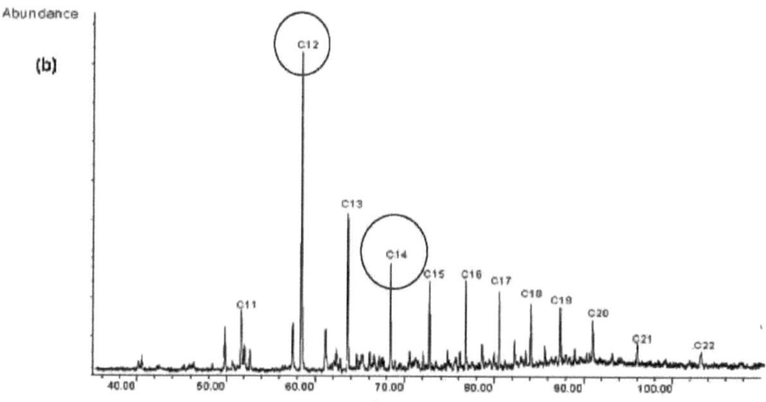

Figura 23 Cromatograma de massa representativo do n-alceno (a) e do n-alcano (b) utilizado para calcular as razões das áreas dos picos

3.3.1 Efeitos da matéria-prima da matriz com base na temperatura de pirólise

Nota:

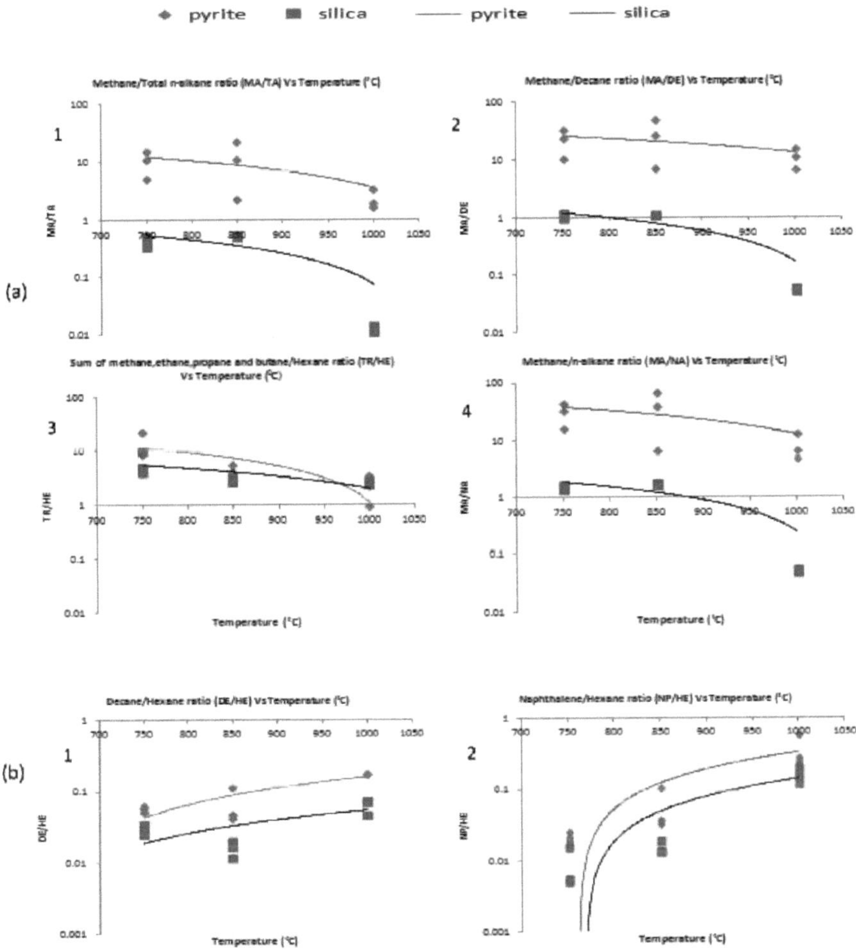

Figura 24 Mostra a variação de diferentes rácios com a temperatura, (a) rácios de metano e (b) rácios de decano e naftaleno

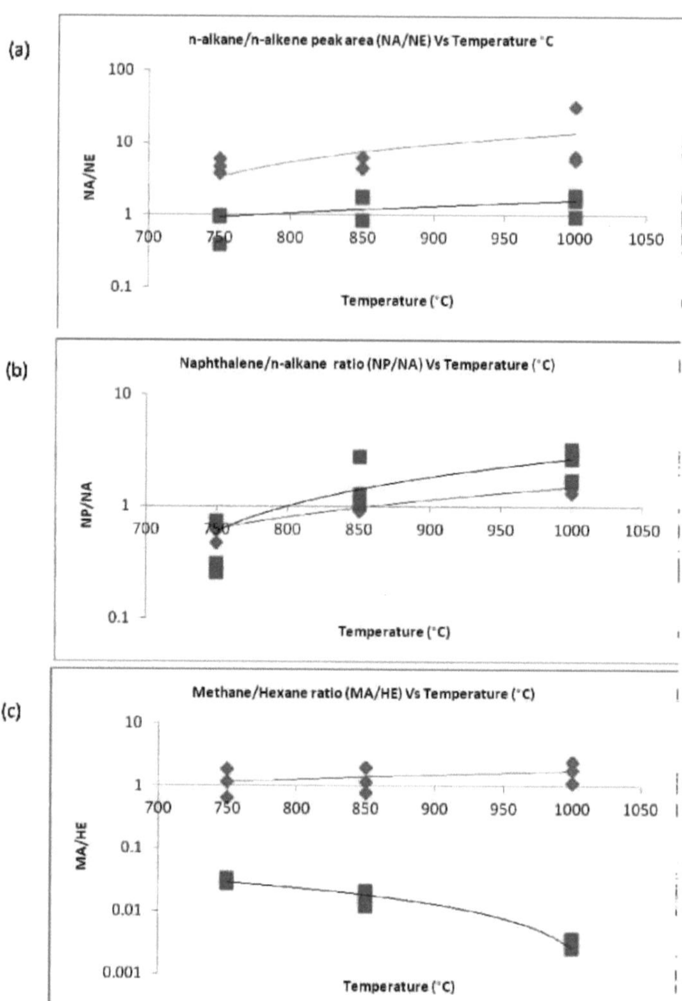

Uma vez que as figuras 24 e 25 acima mostram os efeitos da matriz de matéria-prima com base nas proporções dos produtos apenas em relação à temperatura de pirólise, o rendimento de alguns produtos também foi calculado dividindo as áreas dos picos do produto selecionado (n-alcano, n-alceno, n-alcano total e metano) pela quantidade de asfalteno pirolisado e os resultados foram comparados para determinar os efeitos da matriz causados nos produtos de pirólise (Fig. 26).

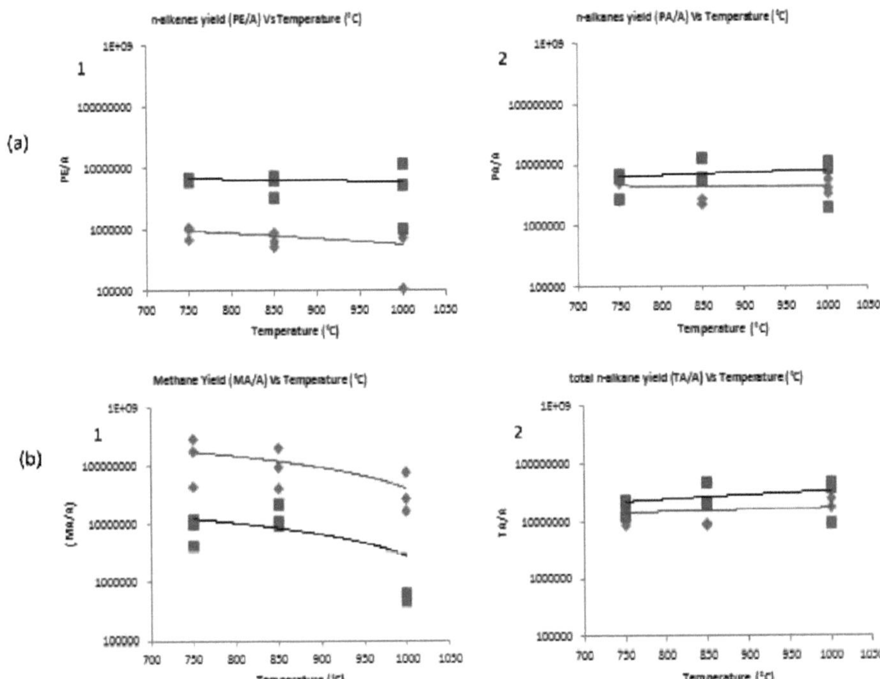

Figura 26 Correlação entre a sílica e a pirite para alguns rendimentos de pirólise na determinação do efeito da matéria-prima da matriz

33

3.3.2 Efeitos da matéria-prima da matriz com base na duração do aquecimento da pirólise (tempo)

Nota: Todas as iniciais utilizadas são definidas no respetivo quadro de resultados (ver anexo)

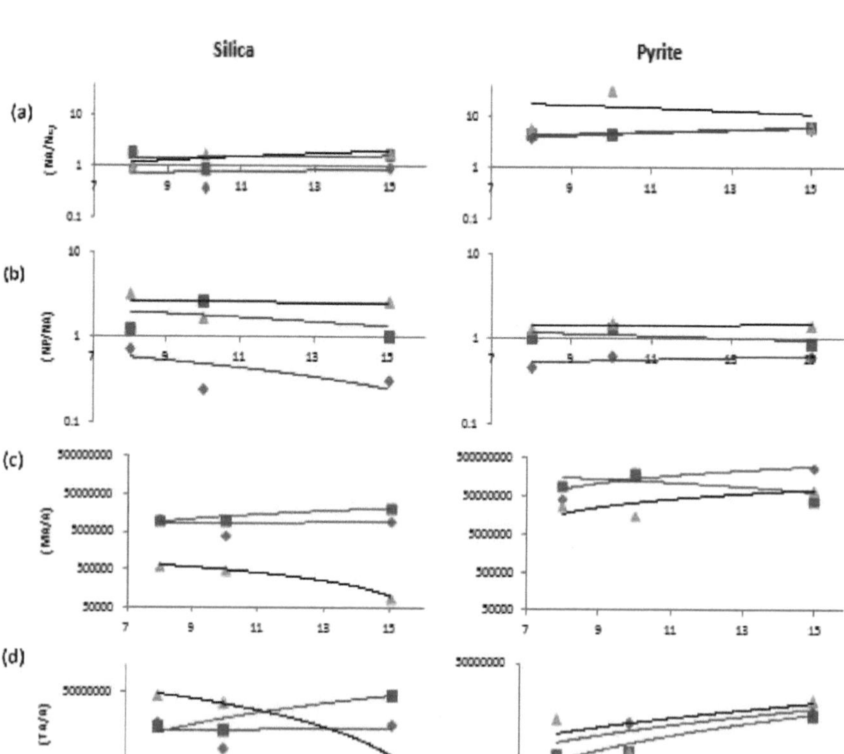

Figura 27 Comparação dos produtos de pirólise da sílica e da pirite para vários tempos de aquecimento, (a) razão n-alcano/n-alceno, (b) razão naftaleno/n-alcano, (c) rendimento em metano e (d) rendimento total em n-alcano

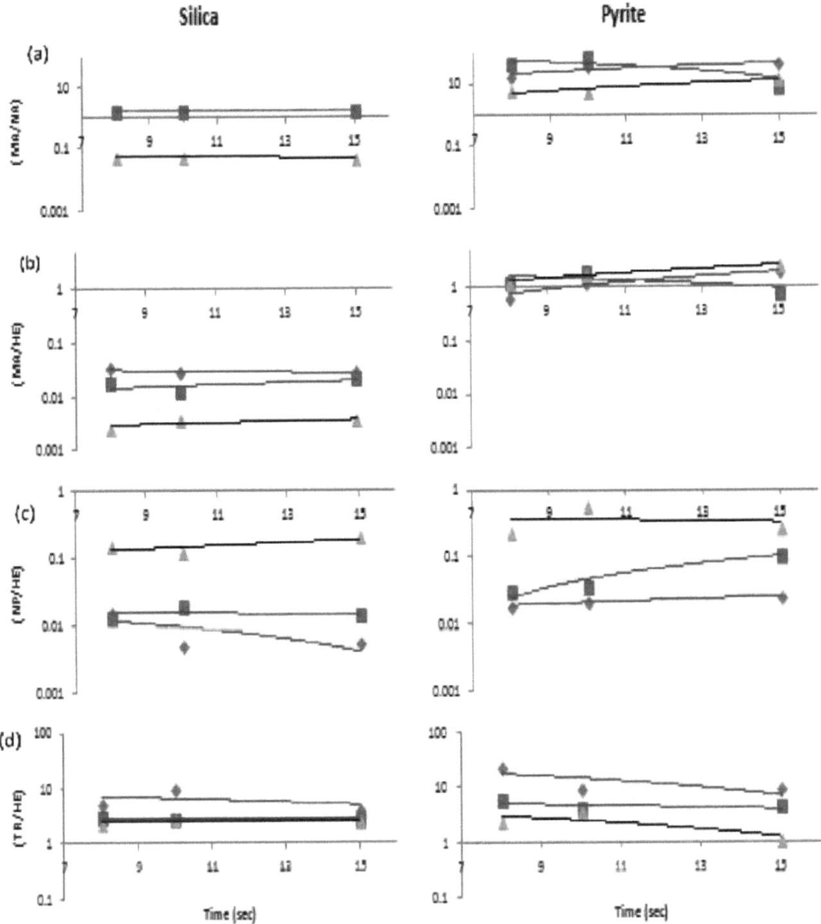

Figura 28 Comparação dos produtos de pirólise da sílica e da pirite para vários tempos de aquecimento, (a) razão metano/n-alcano, (b) razão metano/hexano, (c) razão naftaleno/hexano e (d) soma dos produtos gasosos leves (Cl-C4)/razão hexano

O asfalteno tem uma via de reação complexa que pode ser afetada pelo catalisador, pela temperatura, pelo ambiente de hidrogénio, pela duração do aquecimento (tempo) e até pela pressão. Assim, a compreensão dos efeitos destes factores proporciona a melhor abordagem das reacções do asfalteno durante a pirólise analítica e, por conseguinte, apoia a formulação de ideias narrativas. O estudo do fragmentograma da pirite pura (Fig. 19b) e da sílica pura (sio2) (Fig. 18b) a m/z 15 mostrou a ocorrência de picos de metano na pirite, o que é uma indicação clara da presença de impurezas orgânicas, ao passo que não se observou qualquer pico significativo na sílica. Sendo um mineral de enxofre natural, a pirite (FeS$_2$) está principalmente disponível em minerais de enxofre, na matriz fina do carvão e também presente em formas livres [150]. A desintegração da pirite ocorre em processos de várias etapas e é largamente afetada pela disponibilidade de matérias orgânicas [150,151] e outros parâmetros como o tamanho das partículas, a temperatura de reação, o tempo, o caudal de gás ou a resistência à difusão e as fases de gás geradas pelo enxofre [150,152-154]. Acredita-se que o pico anormal observado entre um tempo de retenção de 80 e 100 minutos nas experiências de pirite (Fig. 19a) acima de 850°C seja a linha de base no pirograma em branco (pirite pura) (Fig. 19b), embora também possa ser atribuído à conversão de pirite em ferro (Fe) através de uma sequência de transformação de pirite ^ pirrotite ^ troilite ^ ferro à temperatura de cerca de 950°C em ambiente inerte [150,151,153,155].

A avaliação de dados quantitativos é importante para distinguir as alterações de composição causadas por efeitos de adsorção de minerais, alteração térmica de matérias orgânicas e potencial alteração melhorada devido ao comportamento termocatalítico dos minerais [156]. A alteração térmica do asfalteno é considerada a via mais essencial para a produção de n-alcanos e isoprenóides acíclicos (pristano), embora o craqueamento térmico dominado por radicais livres de n-alcanos e isoprenóides acíclicos seja bastante lento em comparação com outros processos generativos responsáveis pela produção destes hidrocarbonetos [156] e os isoprenóides acíclicos (pristano) sejam completamente destruídos pela pirite (Fig. 20b-22b). Isto sugere que os isoprenóides acíclicos são fortemente alterados pelos minerais de pirite e são mais vulneráveis à fracturação térmica do que os n-alcanos [156-158]. A ausência de sulfeto de hidrogênio nos piroprodutos é uma boa indicação da deficiência de sulfeto/polissulfeto nas frações de asfalteno [147].

O asfalteno aquecido com pirite produz quantidades significativamente mais elevadas de metano (10 vezes mais elevadas do que o asfalteno aquecido com sílica) (Fig. 24al,2,4, 25c, 26bl), ligeiramente menos n-alcanos totais (Fig. 26b2), menos n-alcanos (Fig. 26a2) e rácios n-alcenos muito mais baixos (Fig. 26al) em comparação com a sílica e todos os produtos diminuem progressivamente com o aumento da temperatura, exceto os n-alcanos (Fig. 26a2 e 26b2) que parecem ser quase constantes. Como já foi referido, a pirite contém impurezas orgânicas que favorecem a sua decomposição; por conseguinte, estimula a alteração severa do n-alcano, levando à destruição quase total dos intermediários dos compostos de elevado peso molecular no asfalteno [156], o que acaba por provocar o aumento do metano e a redução de outros compostos. Foi confirmado que a pirite tem um papel catalítico nos processos de liquefação e gaseificação do carvão [153,154,159,160]; por conseguinte, neste caso, induz efeitos catalíticos no pirolisado. Estes efeitos são significativos para manter um pirolisado em contacto com superfícies minerais potencialmente reactivas, o que é uma condição prejudicial em termos de redução dos efeitos secundários da pirólise [161]. A sílica, por outro lado, retarda a termovaporização de espécies não polares como os n-alcanos a temperaturas mais baixas [161], razão pela qual tem efeitos insignificantes no pirolisado. A explicação para este pirólise de n-alcenos inferior (Fig. 26al) não é clara, embora seja evidente a partir da experiência que a pirite condensa a formação de alcenos durante a pirólise; possivelmente devido às propriedades termocatalíticas da pirite. Alguns investigadores referiram que, quando as retenções de piroprodutos gasosos como o hidrogénio, gases de hidrocarbonetos e H2S são suficientemente elevadas durante a experiência num sistema fechado, a desativação de radicais livres por radicais de hidrogénio ou por recombinação pode ocorrer e impedir a formação significativa de alcenos [156,162].

A razão da soma dos hidrocarbonetos leves (C1-C4) com o hexano mostra efeitos quase semelhantes em ambos os asfaltenos adsorvidos na pirite e na sílica e as razões observadas diminuem gradualmente com o aumento da temperatura com pequenas diferenças nas quantidades (Fig. 24a3). O aumento inesperado da razão n-alcano/n-alceno com a temperatura (Fig. 25a) sugere que é possível que, com a experiência da pirite, os n-alcenos sejam convertidos em n-alcanos por reação com hidrogénio ou noutros compostos de maior peso molecular através de reacções de polimerização [163].

A fim de investigar os efeitos da matriz mineral nos compostos aromáticos do asfalteno, foram estudadas as proporções de naftaleno com n-alcanos e hexano. Em ambos os casos, observou-se que a quantidade de naftalenos no pirolisado aumenta com o aumento da temperatura, embora com diferenças significativas entre as adsorções de pirite e de sílica, tanto para a razão naftaleno/n-alcano (Fig. 25b) como para a razão naftaleno/hexano (Fig. 24b2). As razões naftaleno/n-alcano para a sílica são um pouco mais elevadas do que para a pirite. A razão para este facto é questionável; pode ser que a sílica aumente a produção de naftaleno e/ou os n-alcanos sejam rigorosamente alterados pelos efeitos catalíticos da pirite, causando a destruição de compostos de peso molecular médio a elevado, o que favorece a formação de naftaleno. No entanto, as razões naftaleno/hexano para a pirite são elevadas em comparação com a sílica; esta razão também é discutível, podendo dever-se ao facto de as reacções de ciclização e aromatização durante os processos de geração de hidrogénio serem favorecidas pelos efeitos termocatalíticos da pirite em comparação com a sílica e/ou o hexano ser um composto instável, pelo que é facilmente decomposto ou convertido noutros produtos, deixando uma oportunidade para mais geração de naftaleno. A relação decano/hexano (Fig. 24bl) aumenta com o aumento da temperatura, tanto para a pirite como para a sílica. Neste caso, a pirite parece melhorar a produção de hidrocarbonetos alifáticos com o aquecimento prolongado e o aumento progressivo da temperatura.

Neste estudo, a degradação térmica intensiva do asfalteno ocorreu a 850°C, onde na maioria dos casos há mudanças significativas observadas no pirolisado. A formação de alquibenzeno pode ser atribuída à degradação de compostos de enxofre por efeitos catalíticos da pirite [164]. A razão de n-alcano/n-alceno observada é constante com o aumento da duração do aquecimento na adsorção de sílica, mas aumenta quase 10 vezes mais na adsorção de pirite (Fig. 27a) devido ao facto de que, com o aquecimento prolongado, os alcenos se tornam ingredientes menores em comparação com os alcanos complementares [156].

Com base no rácio naftaleno/n-alcano e naftaleno/hexano, observam-se pequenas diferenças no nível de aromaticidade no pirolisado, tanto para a sílica como para a pirite (Fig. 27b e 28c). No entanto, a sílica aumenta a aromaticidade e o hidrocarboneto aromático é destruído com um aquecimento mais prolongado [164], possivelmente devido à quebra de cadeias laterais em compostos aromáticos com aquecimento contínuo, enquanto na pirite não se observa nenhum efeito importante com alterações na duração do aquecimento, exceto a 850°C, onde há um aumento de piroprodutos (Fig. 28c). De facto, existe um efeito insignificante da interação da matriz na produção de naftaleno causado por alterações do tempo de aquecimento nas adsorções de sílica e de pirite.

Observou-se que o rendimento de metano aumenta com o aumento do tempo de aquecimento, tanto para a sílica como para a pirite, mas diminui ligeiramente a 1000°C na adsorção de sílica (Fig. 27c). Com o aquecimento prolongado, o rácio metano/hexano torna-se um constituinte menor em comparação com o rácio metano/n-alcano. Isto deve-se ao facto de a produção de metano na relação metano/n-alcano ser 10 vezes superior à da relação metano/hexano (Fig. 28a,b). Também se observou que a duração do aquecimento não tem um efeito importante no pirolisado de adsorção de sílica (rendimento constante), mas causa um efeito importante nos piroprodutos de pirite (aumentos) (Fig. 28a, b). Em geral, o rendimento de metano com adsorção de pirite é 10 vezes superior ao da adsorção de sílica para um tempo de aquecimento prolongado (Fig. 27c, 28a,b).

Observa-se que o rendimento total de n-alcanos aumenta progressivamente com o aquecimento prolongado, tanto para a sílica como para a pirite, mas diminui gradualmente a 1000°C na adsorção de sílica (Fig. 27d), provavelmente devido aos efeitos de termocraqueamento reforçados pela sílica a altas temperaturas. A pirite favorece a formação de n-alcanos por razões semelhantes às explicadas acima. O rácio da soma dos gases de hidrocarbonetos leves (C1-C4) com o hexano diminuiu ligeiramente com o aumento do tempo de aquecimento, tanto para a sílica como para a pirite, e a taxa de produção destes pirolisados na sílica e na pirite é comparável (Fig. 28d). Isto indica que não há efeitos significativos de interação da matriz nos piroprodutos (C1- C4) causados por alterações do tempo de aquecimento.

3.4 Comparação dos piroprodutos com base na análise Raman
Para efeitos de comparação, foram selecionados para interpretação Raman resíduos de pirólise com um tempo de retenção ou aquecimento de 10 segundos para diferentes temperaturas (750°C, 850°C e 1000°C). O deslocamento da posição do pico (deslocamento Raman) e os rácios da altura do pico e das intensidades do pico/banda para as bandas D e G são comparados para determinar o grau de desordenamento ou alteração térmica dos materiais orgânicos carbonados presentes no asfalteno. Aqui apenas são apresentados gráficos, as respectivas tabelas de valores estão anexadas no apêndice (ver apêndice). A mesma amostra de carvão utilizada na parte da pirólise é também utilizada aqui por razões de comparação.

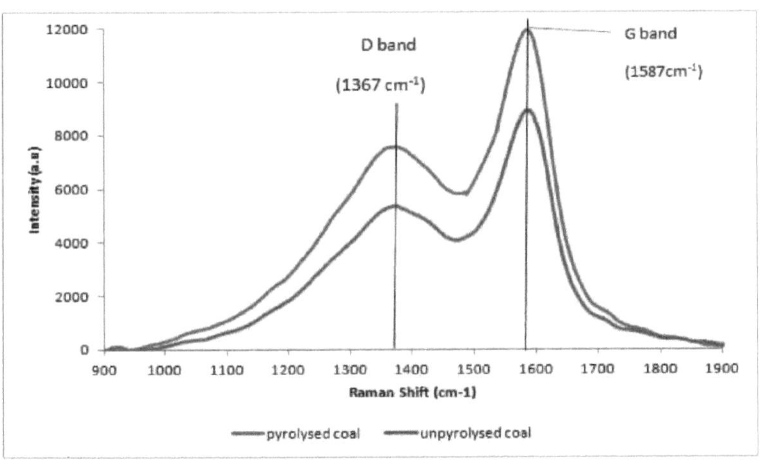

Figura 29 Espectros Raman para o carvão estudado mostrando a posição das bandas D e G

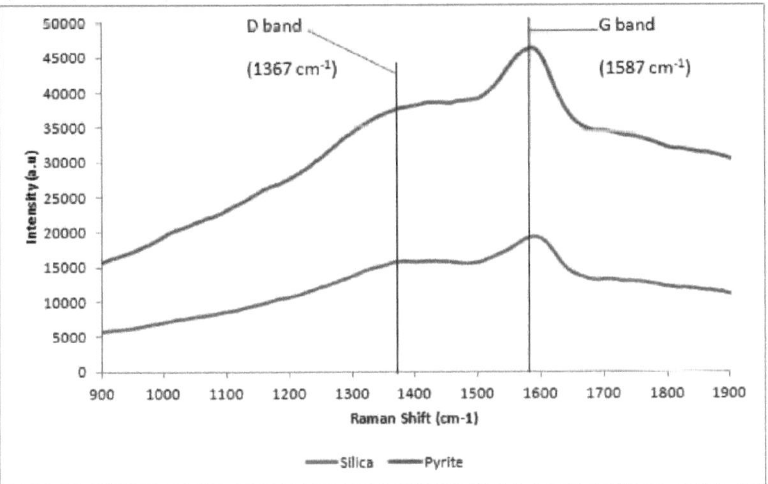

Figura 30 Espectros Raman para o asfalteno estudado adsorvido em sílica e pirite, mostrando a posição das bandas D e G antes da pirólise

Neste estudo, ficou provado que o carvão e o asfalteno têm propriedades estruturais semelhantes, tal como referido por diferentes investigadores [96,144]. As principais caraterísticas dos espectros são bandas Raman largas centradas em ~1367cm⁻ e ~1587cm⁻ (Fig. 29 e 30), o que mostra uma correlação significativa entre o carvão e o asfalteno. A banda a ~1367 cm⁻ é conhecida como banda D'e diz-se que corresponde ao estilo vibracional de uma rede grafítica desordenada com uma simetria A_{1g} [96,100'102,133] e suspeita-se que seja inventada a partir de heteroátomos que contêm unidades na camada de carbono do grafeno que estão muito próximas das perturbações da rede [96,135]. Este pico espetral a 1367 cm⁻ e um composto de numerosas bandas Raman a ~1369, 1371, 1387 e 1395 cm⁻. Enquanto a banda a ~1587 cm⁻ é designada por banda G'e

39

geralmente atribuída a vibrações do modo de rede grafítica ordenada com uma simetria E$_{2g}$ que se pensa ter origem em carbonos aromáticos em materiais carbonosos [96,99'102,132,133,135,136]. O pico espetral a ~ 1587cm'' é influenciado por bandas Raman a ~ 1585 e 1592cm'' . As bandas do asfalteno são mais fracas do que as do carvão, devido às diferentes quantidades de matérias orgânicas carbonadas presentes, que são detectadas por espetroscopia Raman.

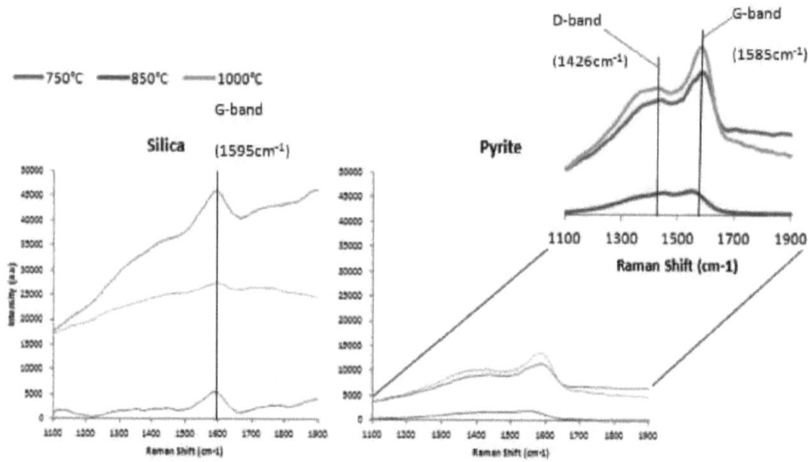

Figura 31 Espectros Raman do asfalteno adsorvido em sílica e pirite, mostrando a posição das bandas D e G após pirólise

Os espectros Raman do asfalteno não pirolisado são caracterizados por picos predominantes D a 1367 cm'' (desordenado) e G a 1587 cm'' (grafítico) para a adsorção de sílica e pirite (Fig. 30), enquanto o asfalteno pirolisado apresenta duas bandas caraterísticas de primeira ordem; as bandas D a 1404 - 1446 cm'' e a banda G a 1545 - 1585 cm'' para a adsorção de pirite e apenas as bandas G a 15871596 cm⁻¹ para a adsorção de sílica. Os picos espectrais a ~ 1426cm'' (banda D), ~ 1585cm'' (banda G) e ~ 1595cm'' (banda G') são compostos de várias bandas, respetivamente (Fig. 31). A ausência da banda D'nos espectros de sílica está de acordo com o facto de as bandas G'poderem ser sempre detectadas, mas as bandas D'não [96]. A banda D'não é observada nos espectros de sílica, provavelmente devido à baixa concentração de asfalteno para ser detectada por espetroscopia Raman. No entanto, esta banda é observada nos espectros da pirite (Fig. 31), apesar do facto de que deveria haver uma menor concentração de asfalteno, porque o asfalteno na pirite é mais alterado termicamente (efeitos catalíticos) do que na sílica; isto é uma indicação clara de que os minerais da pirite melhoram a espetroscopia Raman de superfície para a deteção de quantidades vestigiais de compostos, tal como foi relatado para outros metais, como o cobre, o ouro e a prata [96, 114,124,126,127].

Comparando com as intensidades antes da pirólise, a intensidade do asfalteno sobre a sílica aumenta, enquanto a do asfalteno sobre a pirite diminui após a pirólise (Fig. 30 e 31) e as intensidades das bandas D e G apresentam um comportamento diferente com o aumento da temperatura (Fig. 31), o que é contrário aos resultados relatados de que, com o aumento da temperatura, as bandas D e G tendem a apresentar um aumento regular da intensidade [165,166]. Esta diminuição das unidades arbitrárias (intensidade) nos espectros da pirite pode ser utilizada como prova de uma forte degradação térmica do asfalteno desencadeada pelos efeitos termocatalíticos da pirite. A banda G'nos espectros de sílica apresenta mudanças regulares e ligeiras de posição, deslocando-se para frequências mais elevadas com o aumento da temperatura (1587, 1595 e 1596cm[n]), o que não acontece nos espectros de pirite. Os espectros da pirite mostram uma tendência irregular das frequências com o aumento da temperatura (1583, 1545 e 1585 cm[n]); isto pode ser causado por diferentes caraterísticas de fissuração das macromoléculas de asfalteno em diferentes condições [166]. A existência da banda G'explica o grau de aromaticidade presente no asfalteno.

A fim de avaliar os efeitos da maturação térmica da matéria orgânica carbonácea presente no asfalteno, a área do pico e as razões altura/intensidade para as bandas D e G foram escolhidas para o efeito. Apenas os gráficos em escala logarítmica são aqui descritos (Fig. 32) e todas as tabelas de valores são apresentadas em apêndice (ver apêndice)

Nota:

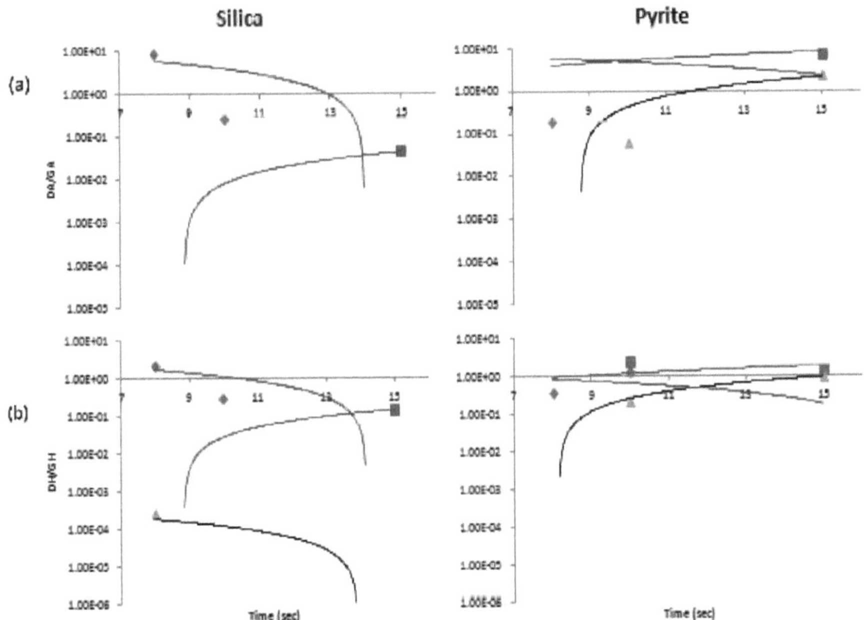

Figura 32 Correlação das razões das áreas dos picos (a) e das alturas dos picos (b) para as bandas D e G do asfalteno na sílica e na pirite em função do tempo (duração do aquecimento)

Há uma observação bastante semelhante feita em ambos os rácios, DA/GA e DH/GH. Observou-se que os rácios diminuem com o aumento da duração do aquecimento (tempo) para temperaturas baixas (750°C) e altas (1000°C) e aumentam a uma temperatura intermédia (850°C) com um aquecimento prolongado na adsorção de sílica, enquanto na adsorção de pirite; os rácios aumentam com o aumento da duração do aquecimento a temperaturas intermédias (850°C) e altas (1000°C) e diminuem gradualmente com um aquecimento prolongado a baixa temperatura (750°C). A razão para estes efeitos irregulares observados não é clara e não foi efectuado nenhum estudo sistemático para investigar as alterações dos parâmetros Raman durante a maturação térmica [145,165] e ainda há vários relatórios com resultados e percepções contraditórios sobre a eficácia de diferentes parâmetros [166]. No entanto, poucos investigadores relataram uma diminuição regular destes rácios com o aumento da temperatura [166]. Em relação à experiência com a pirite, é razoável afirmar que os efeitos são atribuídos às caraterísticas invulgares de fissuração do asfalteno em diferentes situações.

CAPÍTULO 4: CONCLUSÃO E RECOMENDAÇÃO

A cromatografia gasosa de pirólise por espetrometria de massa provou ser uma técnica analítica importante para a separação e identificação de compostos orgânicos que não podem ser introduzidos diretamente no GC. É necessária apenas uma pequena quantidade de amostra para análise sem pré-tratamento da amostra. O estudo da interação da matriz de matéria-prima com o asfalteno durante a pirólise analítica, utilizando minerais de sílica e pirite como analitos, provou que os minerais afectam qualitativamente os produtos de pirólise e que tanto a temperatura como o tempo são responsáveis pelos efeitos. A sílica mostrou efeitos menores nos piroprodutos em comparação com a pirita, que exibiu efeitos significativos na matriz dos piroprodutos devido ao seu papel catalítico. Os biomarcadores pristano só foram observados nas experiências com sílica e foram completamente quebrados nas experiências com pirite. Os efeitos significativos da matriz envolveram a conversão de piroprodutos primários num pirolisado secundário. A espetroscopia Raman provou ser um instrumento útil para a identificação de matéria orgânica carbonácea sólida, embora a interpretação dos parâmetros Raman seja ainda um desafio.

Com o objetivo de melhorar este trabalho, recomenda-se que outros investigadores se concentrem na utilização de uma vasta gama de temperaturas de pirólise e de duração do aquecimento para os mesmos minerais e para minerais adicionais como a calcopirite, a esfalerite, o gesso e as argilas, a fim de estabelecer a base para os efeitos causados pelos minerais durante a pirólise analítica. Outros só podem trabalhar com parâmetros Raman para investigar o seu comportamento durante a maturação térmica.

REFERÊNCIAS

1. Rubinstein, I., C. Spyckerelle, e O. P. Strausz. "Pirólise de asfaltenos: uma fonte de informação geoquímica." Geochimica et Cosmochimica Ata 43.1 (1979): 1-6.

2. Strausz, O. P.; Lown, E. M. The Chemistry of Alberta Oil Sands, Bitumens and Heavy Oils; Alberta Energy Research Institute: Calgary, Alberta, Canadá, 2003.

3. Strausz, O. P., Morales-Izquierdo, A., Kazmi, N., Montgomery, D. S., Payzant, J. D., Safarik, I., & Murgich, J. (2010). Composição química do betume de Athabasca: a fração saturada. Energy & Fuels, 24(9), 5053-5072.

4. Speight, J. G. The Chemistry and Technology of Petroleum, 4ª ed.; CRC Press: Nova Iorque, 2006.

5. Payzant, J. D.; Hogg, A. M.; Montgomery, D. S.; Strausz, O. P. AOSTRA J. Res. 1984, 1, 175-182.

6. Geng, Ansong, e Zewen Liao. "Estudos cinéticos de pirolises de asfalteno e suas aplicações geoquímicas". Applied Geochemistry 17.12 (2002): 1529-1541.

7. Behar, F., Pelet, R., Roucache, J., 1984. Geochemistry of asphaltenes. Org. Geochem. 16,587-595.

8. Tissot, B. P. (1989). The geochemistry of resins and asphaltenes. Em Characterization of Heavy Crude Oils and Petroleum Residues (em chinês), traduzido por Wu, L. Y. e Yang, C. D., 2-10. Petroleum Industry Press, Pequim.

9. Sarmah, Manoj Kumar, Arun Borthakur e Aradhana Dutta. "Pyrolysis of petroleum asphaltenes from different geological origins and use of methylnaphthalenes and methylphenanthrenes as maturity indicators for asphaltenes." Boletim de Ciência dos Materiais 33.4 (2010): 509-515.

10. Arefyev O A, Makushin A e Petrov A A 1982 Int. Geol. Rev. 24 723

11. Speight J G e Moschopedis B C 1981 Chemistry of asphaltenes in Advances in chemistry series No. 195 (eds) J W Bunger e N C Li (Washington DC) p. 115

12. di Primio, R., Horsfield, B., Guzman-Vega, M.A., 2000. Determinação da temperatura de formação do petróleo a partir das propriedades cinéticas dos asfaltenos de petróleo. Nature 406, 173-176.

13. Kusch, Peter. "Pyrolysis-gas chromatography/mass spectrometry of polymeric materials". Cromatografia gasosa avançada - Progresso em aplicações agrícolas, biomédicas e industriais. InTech Rijeka, Croácia, 2012. 333-362.

14. http://www.analytix.co.uk/wp-content/uploads/2015/02/Getting-started-is- easy.pdf descarregado em 18 de julho de 2015.

15. Savage, P. E., M. T. Klein, e S. G. Kukes. "Petroleum asphaltene thermal reaction pathways". Preprints- Sociedade Americana de Química. Divisão de Química do Petróleo 30.4 (1985): 642-651.

16. Speight, J.G.; Pancirov, R.J. Am. Chem. Soc. Div. Pet. Chem. Prepr.1983,28,1319.

17. Schucker, R.C.; Keweshan, C.F. Am. Chem. Soc. Div. Fuel Chem. Prepr. 1980, 25, 155.

18. Cotte, E& Calderon, JL. Am Chem SOC. Diu. Pet. Chcm. Prepr. 1981, 26, 538.

19. Ritchie, R.G.S.; Roche, R.S.; Steedman, W. Fuel 1979, 58, 523.

20. Moschopedies, SE; Parkash, S.; Speight, J.G. Fuel 1978, 57, 431.

21. Strausz, O.P.; Jha, K.N.; Montgomery, D.S. Fuel 1977, 56, 114.

22. Rubinstein, I., Strausz, O.P., 1979. Thermal treatment of the Athabasca oil sand bitumen and its

component parts. Geochim. Cosmochim. Ata 43, 1887-1893.

23. Rubinstein, I., Strausz, O.P., Spyckerelle, C., Crawford, R.J., Westlake, D.W.S., 1977. A origem dos betumes das areias petrolíferas de Alberta: um estudo de simulação química e microbiológica. Geochim. Cosmochim. Ata 41, 1341-1353.

24. Ekweozor, C.M., 1984. Derivados terpenóides tricíclicos de reacções de degradação química de asfaltenos. Org. Geochem. 6, 51-61.

25. Ekweozor, C.M., 1986. Caracterização dos produtos não asfaltenos da degradação química suave dos asfaltenos. Org. Geochem. 10, 1053-1058.

26. Pelet, R.; Behar, F.; Monin, J. C., Resins and asphaltenes in the generation and migration ofpetroleum. Organic Geochemistry 1986, 10, (1-3), 481-498.

27. Jones, D.M., Douglas, A.G., Connan, J., 1988. Pirólise hidratada de asfaltenos e fracções polares de óleos biodegradados. Org. Geochem. 13, 981-993.

28. Sofer, Z., 1988. Pirólise hidratada de asfaltenos de Monterey. Org. Geochem. 13, 939-945.

29. Magnier, C., Hue, A.Y., 1995. Pyrolysis of asphaltenes as a tool for reservoir geochemistry. Org. Geoehem. 23, 963-967.

30. Rubinstein,! e Strausz 0. P. (1977) Physical properties of conventional and biodegraded oils (Propriedades físicas de óleos convencionais e biodegradados). Am. Chum. Sot. Dir. Fuel Chem. Preprints 22(3), 2Ck2S.

31. Sweeney, J.J., Braun, R.L., Burnham, A.K., Talukdar, S., Vallejos, C., 1995. Modelo cinético químico de geração, expulsão e destruição de hidrocarbonetos aplicado à Bacia de Maracaibo, Venezuela. AAPG Bull. 79, 1515-1532.

32. Medeiros, Patricia M., e Bernd RT Simoneit. "Cromatografia gasosa acoplada à espetrometria de massa para análise de compostos orgânicos e biomarcadores como traçadores para investigação geológica, ambiental e forense." Journal of separation science 30.10 (2007): 1516-1536.

33. Logan C. Krajewski, Clecio F. Klitzke, Jeff Patrick, Ryan P. Rodgers, "Analysis of volatile asphaltene pyrolysis products by high resolution time-of-flight mass spectrometry" descarregado de http://petrophase2015.com/wpcontent/uploads/2015/04/PP2-24.pdf em Quarta-feira 8th julho de 2015.

34. Kim, Hak-Hee, Kwang-Bo Chung, e Myung-Nyn Kim. "Measurement of the asphaltene and resin content of crude oils." Journal of !ndustrial and Engineering Chemistry 2.1 (1996): 72-78.

35. Boussingault, J. B. Ann. Chim. Phys. 1837, 64, 141.

36. Boussingault, M. (1937). Memoire sur la Composition des Bitumes. Annales de Chimie et de Physique, Vol.LXIV, pp. 141-151

37. Lamia Goual, "Petroleum Asphaltene", Universidade de Wyoming, EUA. http://www.intechopen.com/download/pdf/29876, acedido na segunda-feira 29th junho, 2015.

38. Liao, Z. W.; Zhao, J.; Creux, P.; Yang, C. P., Discussion on the Structural Features of Asphaltene Molecules [Discussão sobre as caraterísticas estruturais das moléculas de asfalteno]. Energy & Fuels 2009, 23, 6272-6274.

39. Payzant, J. D.; Lown, E. M.; Strausz, O. P., Structural units of Athabasca asphaltene: Os aromáticos com uma estrutura de carbono linear. Energy Fuels 1991, 5, 445-453.

40. J. G. Speight e S. C. Moschopedis, On the molecular nature of petroleum asphaltenes. American Chemical Society, Washington, D.C 1015(1981)

41. R. B. Long, The concept of asphaltene. Adv. Chem. Series no. 195(1981)

42. B. R. Ray, P. A. Witherspoon e R. E. Grim, A study of the colloidal characteristics of petroleum using the ultra-centrifuge. J. Phys. Chem., 61, 1296(1957)

43. J. P. Dickie e T.F. Yen, Macroestruturas das fracções asfálticas por vários métodos instrumentais. Anal. Chem. 39, 1847-52(1967)

44. J. A. Koots e J. C. Speight, Relation of petroleum resins to asphaltenes. Fuel, 54, 179(1975)

45. Marcusson, J. Z. Angew. Chem. 1919, 32, 113.

46. Sheu, Eric Y. "Petroleum asphaltene properties, characterization, and issues." Energy & Fuels 16.1 (2002): 74-82.

47. Berthelot, M. Bull. Soc. Chim. 1869, 11, 278

48. Nellensteyn, F. J.; Roodenburg, N. M. Chem.-Z. 1930, 545, 819. Nellensteyn, F. J. Chem. Weekbl. 1931, 28, 313. Nellensteyn, F. J. The Colloidal Structure of Bitumen. Em The Science of Petroleum; Oxford University Press: Londres, 1938; Vol. 4, p 2760. Nellensteyn, F. J. World Pet. Congr. 1933, 2, 616.

49. Petroleum Processing Handbook; Bland, W. F., Davidson, R. L., Eds.; McGraw- Hill:NewYork, 1967.

50. Sakhanov, A.; Vassiliev, N. Pet. Zett. 1927, 23, 1618.

51. Katz, M. Can. J. Res. 1934, 10, 435.

52. Mack, C. Phys. Chem. 1932, 36, 2901.

53. Lerer, A. Combn. Liquids 1934, 9, 511.

54. Kirbyu, W. Soc. Chem. Ind. 1943, 62, 58.

55. Pfeiffer, J. P.; Saal. R. N. Phys. Chem. 1940, 44, 139.

56. Hillman, E.; Barnett, B. Proc. 4th Ann. Meet., ASTM 1937, 37 (2), 558.

57. Grader, R. Oel Kohle 1942, 38, 867.

58. Ray, B. R.; Witherspoon, P. A.; Gri, R. E. Phys. Chem. 1957, 61, 1296.

59. Mostowfi, F.; Indo, K.; Mullins, O. C.; McFarlane, R., Asphaltene Nanoaggregates Studied by Centrifugation. Energy & Fuels 2009, 23, 1194-1200.

60. Artok, Levent, et al. "Structure and reactivity of petroleum-derived asphaltene." Energy & Fuels 13.2 (1999): 287-296.

61. McKenna, A. M.; et. al. Energy Fuels, 2013, 27, 1246-1256.

62. Sheu, E. Y.; Storm, D. A. Fuel 1994, 73, 1368.

63. Bouhadda, Y.; Bendedouch, D.; Sheu, E.; Krallafa, A. Energy Fuels 2000, 14, 845-853.

64. Boduszynski, M. W. In Chemistry of Asphaltenes; Bunger, J. W., Li, N. C., Eds.; American Chemical Society: Washington: DC, 1984; Capítulo 7.

65. Karimi, A.; Qian, K.; Olmstead, W. N.; Freund, H.; Yung, C.; Gray, M. R., Quantitative evidence for bridged structures in asphaltenes by thin film pyrolysis. Energy & Fuels 2011, submetido em abril de

2011.

66. Chianelli, R. R.; Siadati, M.; Mehta, A.; Pople, J.; Carbognani Ortega, L.; Chiang, L. Y., Self- Assembly of Asphaltene Aggregates: Técnicas de sincrotrão, simulação e modelação química aplicadas a problemas na estrutura e reatividade dos asfaltenos. Em Asphaltenes, Heavy Oils, and Petroleomics, Mullins, O. C.; Sheu, E. Y.; Hammami, A.; Marshall, A. G., Eds. Springer: Nova Iorque, 2007; pp 375-400.

67. Eiler, H. KolloidZ. Z. Polym. 1941, 97, 313.

68. Yen, T. F. In The Future of Heavy Crude Oils and Tar Sands; Meyer, R. F., Steele, C. T., Eds.; McGraw-Hill: Nova Iorque, 1980; p 174.

69. Yen, T. F., Chilingarian, G. V., Eds. Asphaltene and Asphalts, I; Elsevier: Amesterdão, 1994.

70. Speight, J. G. The Chemistry and Technology of Petroleum; Marcel Dekker: Nova Iorque, 1980. Speight, J. G. Fuel Science and Technology Handbook; Marcel Dekker: NewYork, 1990; 1193 pp.

71.Espinat, D.; Rosenberg, E.; Scarsella, M.; Barre, L.; Fenistein, D.; Broseta, D. Structures and Dynamics of Asphaltene; Mullins, O. C., Sheu, E. Y., Eds.; Plenum Press: Nova Iorque, 1998; Capítulo V.

72. Structures and Dynamics of Asphaltene; Mullins, O. C., Sheu, E. Y., Eds.; Plenum Press: NewYork, 1998.

73. Speight, J. G.; Moschopedis, S. E. Fuel 1980, 59, 440.

74. Bunger, J. W.; Li, N. C. Chemistry of Asphaltenes; Advantage in Chemistry Series, 195; American Chemical Society: Washington, DC, 1981.

75. Sheu, E. Y.; Storm, D. A.; De Tar, M. M. J. Non-Crystalline Solids 1991, 131133, 347. Sheu, E. Y.; De Tar, M. M.; Storm, D. A.; DeCanio, S. J. Fuel 1992, 71, 299.

76. Anderson, S. I.; Birdi, K. S. J. Colloid Interface Sci. 1991, 142, 497.

77. Alboudwarej, H., et al. "Sensitivity of asphaltene properties to separation techniques." Energy & Fuels 16.2 (2002): 462-469.

78. Speight, J. G. The Chemistry and Technology of Petroleum, 3rd ed.; Marcel Decker Inc., NewYork, 1998.

79. Speight, J. G.; Long, R. B.; Trowbridge, T. D. Fuel 1984, 63, 616-620.

80. Annual Book of ASTM Standards, American Society of Testing and Materials, StandardNo.D4124-97.

81. Asphaltene (n-heptane insolubles) in petroleum products, Standards for petroleum and its products, Standard No. IP 143/90, Institute of Petroleum, London, U.K., 143.1-143.7, 1985.

82. Alboudwarej, H.; Akbarzadeh, K.; Svrcek, W. Y.; Yarranton, H. W. Paper #2001- 63, Can. Int. Pet. Conf., Calgary, 12-14 de junho de 2001.

83. Agrawala, M.; Yarranton, H. W. Ind. Eng. Chem. Res. 2001, 40, 4664-4672.

84. http://www.cdsanalytical.com/instruments/pyrolysis/why_pyrolysis.html, acedido em Terça-feira 14th julho, 2015.

85. Halket JM, Zaikin VG (2006). "Derivatização em espetrometria de massa --7. Derivatização/degradação em linha". Jornal Europeu de Espectrometria de Massa 12 (1): 1-13. doi:10.1255/ejms.785. PMID 16531644.

86. http://www.shimadzu.com/an/gcms/n9j25k00000e4swe.html, acedido em 27th junho, 2015.

87. Gonzalez E B, Groenzin H, Galeana C L e Mullins O C 2001Energy Fuels 15 972.

88. Radke M 1987 Advances in petroleum geochemistry (Londres: Academic Press)

89. Zeng, Y., Wu, C., 2007. Estudo espetroscópico Raman e infravermelho do querogénio tratado em Zhang Shuichang, Huang Haiping, Xiao Zhongyao e Liang Digang 2005 Org. Geochem. 36 1215.

90. Stojanovic K, Jovancicevic B, Pevneva G S, Golovko J A, Golovko A K e Pfendt P 2001 Org. Geochem. 32 721.

91. AsifM e Tahira F 2007 J. Res. (Science) 18 79

92. Al-Samarraie, Mahmood F., e William Steedman. "Pirólise de asfalteno de petróleo em tetralina". Fuel 64.7 (1985): 941-943.

93. Conservação da Galeria Nacional de Arte: Investigação científica. Recuperado em 2007-08-21.

94. Janos P (2003). "Métodos de separação na química das substâncias húmicas". Journal of Chromatography A 983 (1-2): 1-18. doi:10.1016/S0021- 9673(02)01687-4. PMID 12568366.

95. Biller, P., e A. B. Ross. "Pirólise GC-MS como uma nova técnica de análise para determinar a composição bioquímica de microalgas." Algal Research 6 (2014): 91-97.

96. Alabi, O. O., Edilbi, A. N. F., Brolly, C., Muirhead, D., Parnell, J., Stacey, R., & Bowden, S. A. (2015). Deteção de asfalteno usando espalhamento Raman aprimorado por superfície (SERS). Chemical Communications, 51(33), 7152-7155.

97. J. G. Speight, The Chemistry and Technology of Petroleum, Taylor and Francis group, Florida, 5th edn, 2014.

98. K. E. Peters, C. C. Walters e J. M. Moldowan, The Biomarker Guide, Volume 1 Biomarkers and isotopes in the environment and Human History, Cambridge University Press, Nova Iorque, 2005.

99. Muirhead, D. K., Parnell, J., Taylor, C., & Bowden, S. A. (2012). Um modelo cinético para a evolução térmica do carbono orgânico sedimentar e meteorítico usando espetroscopia Raman. Journal of Analytical and Applied Pyrolysis, 96, 153-161.

100. Zhou, Q., Xiao, X., Pan, L., & Tian, H. (2014). A relação entre os parâmetros espectrais micro-Raman e a reflectância do betume sólido. Jornal Internacional de Geologia do Carvão, 121, 19-25.

101. Beyssac, O., Goffe, B., Chopin, C., Rouzaud, J.N., 2002. Espectros Raman de material carbonáceo em metassedimentos: um novo geotermômetro. J.Metamorph.Geol. 20, 859-871.

102. Beyssac, O., Goffe, B., Petitet, J.P., Froigneux, E., Moreau, M., Rouzaud, J.N., 2003. Sobre a caraterização de materiais carbonosos desordenados e heterogéneos por espetroscopia Raman. Spectrochim. Ata A 59, 2267-2276.

103. Ferrari, A.C., Robertson, J., 2000. Interpretação dos espectros Raman de carbono desordenado e amorfo. Phys. Rev. 61, 14095-14100.

104. Guedes, A., Valentim, B., Prieto, A.C., Rodrigues, S., Noronha, F., 2010. Espectroscopia micro-Raman de colotelinite, fusinite e macrinite. Int. J. Coal Geol. 83,415-422.

105. Kwiecinska, B., Ruiz, I.S., Paluszkiewicz, C., Rodriques, S., 2010. Espectroscopia Raman de amostras carbonáceas selecionadas. Int. J. Coal Geol. 84, 206-212.

106. Kelemen, S.R., Fang, H.L., 2001. Maturity trends in Raman spectra from kerogen and coal. Energy Fuels 15, 653-658.

107. Quirico, E., Montagnac, G., Rouzaud, J.N., Bonal, L., Denise,M., Duber, S., Reynard, B., 2009. Efeitos

do precursor e da condição metamórfica nos espectros Raman de matéria carbonácea mal ordenada em condritos e carvões. Earth Planet. Sci. Lett. 287, 185-193.

108. Rahl, J.M., Anderson, K.M., Brandon, M.T., Fassoula, C., 2005. Raman spectroscopic carbonaceous material thermometry of low-grade metamorphic rocks: calibration and application to tectonic exhumation in Crete, Greece. Earth Planet. Sci. Lett. 240, 339-354.

109. Roberts, S., Tricker, P.M., Marshall, J.E.A., 1995. Raman spectroscopy of chitinozoans as a maturation indicator. Org. Geochem. 23, 223-228.

110. Schopf, J.W., Kudryavtsev, A.B., Agresti, D.G., Czaja, A.D., Wdowiak, T.J., 2005. Imagens Raman: uma nova abordagem para avaliar a maturidade geoquímica e a biogenicidade de fósseis pré-cambrianos permineralizados. Astrobiologia 5, 333-371.

111. Schopf, J.W., Kudryavtsev, A.B., 2009. Microscopia confocal de varrimento a laser e imagens Raman de fósseis microscópicos antigos. Precambrian Res. 173, 39-49.

112. Zeng, Y., & Wu, C. (2007). Estudo espetroscópico Raman e infravermelho de querogénio tratado a temperaturas e pressões elevadas. Fuel, 86(7), 1192-1200.

113. Quirico, E., Rouzaud, J. N., Bonal, L., & Montagnac, G. (2005). Maturation grade of coals as revealed by Raman spectroscopy: Progressos e problemas. Spectrochimica Ata Part A. Molecular and Biomolecular Spectroscopy, 61(10), 2368-2377.

114. Bowden, S. A., Wilson, R., Cooper, J. M., & Parnell, J. (2010). The use of surface-enhanced Raman scattering for detecting molecular evidence of life in rocks, sediments, and sedimentary deposits. Astrobiologia, 10(6), 629-641.

115. Jorge Villar, S.E. e Edwards, H.G.M. (2006) Raman spectroscopy in astrobiology. Anal. Bioanal. Chem. 384:100-113.

116. Pasteris, J.D. e Wopenka, B. (2003) Necessário, mas não suficiente: Identificação Raman de carbono desordenado como uma assinatura de vida antiga. Astrobiologia 3:727-738.

117. D. D. Wynn-Williams e H. G.M. Edwards, Icarus, 2000, 144, 486-503.

118. H. G. M. Edwards, S. E. Villar, J. Jehlicka e T. Munshi, Spectrochim.

Ata, Parte B, 2005, 61, 2273-2280.

119. Edwards, H.G.M., Villar, S.E., Jehlicka, J., e Munshi, T. (2005) FT- Raman spectroscopic study of calcium-rich and magnesium-rich carbonate minerals. Spectrochim. ActaPartB At. Spectrosc. 61:2273-2280.

120. Wynn-Williams, D.D. e Edwards, H.G.M. (2000) Proximal analysis of regolith habitats and protective biomolecules in situ by laser Raman spectroscopy: overview of terrestrial Antarctic habitats and Mars analogs. Icarus 144:486 503.

121. Schopf, J.W., Kudryavtsev, A.B., Agresti, D.G., Wdowiak, T.J., e Czaja, A.D. (2002) Laser-Raman imagery of Earth's earliest fossils. Nature 416:73-76.

122. R. Wilson, P. Monaghan, S. A. Bowden, J. Parnell e J. M. Cooper, Anal. Chem., 2007, 79, 7036-7041.

123. S. A. Bowden, R. Wilson, J. M. Cooper e J. Parnell, Astrobiology, 2010, 10(6), 629-641.

124. Smith, E. e Dent, G. (2005) Modem Raman Spectroscopy: A Practical Approach, John Wiley and Sons

Ltd., Chichester, Inglaterra, pp 113-127.

125. D. Zhan e J. B. Fenn, Int. J. Mass Spectrom, 2000, 194, 197-208.

126. M. Flieshman, P. J. Hendra e A. J. McQuillan, Chem. Phys. Lett., 1974, 26,163-166.

127. Marshall, C.P., Leuko, S., Coyle, C.M., Walter, M.R., Burns, B.P., e Neilan, B.A. (2007) Carotenoid analysis of halophilic archaea by resonance Raman spectroscopy. Astrobiologia 7:631- 643.

128. R. Wilson, S. A. Bowden, J. Parnell e J. M. Cooper, Anal. Chem., 2010, 82(5),2119-2123.

129. P. Leyton, I. Co'rdova, P. A. Lizama-Vergara, J. S. Go'mez-Jeria, A. E. Aliaga, M. M. Campos-Vallette, E. Clavijo, J. V. Garci'a-Ramos e S. Sanchez-Cortes, Vib. Spectrosc., 2008, 46(2), 77-81.

130. A. M. McKenna, L. J. Donald, J. E. Fitzsimmons, P. Juyal, V. Spicer, K. G. Standing, A. G. Marshall e R. P. Rodgers, Energy Fuels, 2013, 27, 12461256.

131. C.P. Marshall, H.G.M. Edwards, J. Jehlicka, Understanding the application of Raman spectroscopy to the detection of traces of life, Astrobiology 10(2) (2010) 229-243.

132. F. Tuinstra e J. L. Koenig, J. Chem. Phys., 1970, 53, 1126-1130.

133. Marshall, A. O., Corsetti, F. A., Sessions, A. L., & Marshall, C. P. (2009).

A espetroscopia Raman e a análise de biomarcadores revelam múltiplas entradas de carbono num sedimento glacial pré-cambriano. Geoquímica Orgânica, 40(11), 1115-1123.

134. G. Katagiri, H. Ishida e A. Ishitani, Carbon, 1988, 26, 565-571.

135. O. Beyssac, B. Goffe, C. Chopin e J. N. Rouzaud, J. Metamorph. Geol, 2002, 20, 859-871.

136. Dresselhaus, M.S., Dresselhaus, G., 1981. Compostos de intercalação de grafite. Avanços em Física 302, 139-326.

137. Matsuda, J. I., Morishita, K., Nara, M., & Amari, S. (2009). Raman spectroscopic study of the noble gas carrier Q in the Allende meteorite. Geochemical Journal, 43(5), 323-329.

138. Larsen, K. L. e Nielsen, O. F. (2006) Investigações espectroscópicas micro-Raman de grafite nos meteoritos carbonáceos Allende, Axtell e Murchison. J. Raman Spectrosc. 37, 217-222.

139. T.-F Yui, E. Huang, J. Xu, Raman spectrum of carbonaceous material: a possible metamorphic grade indicator for low-grade metamorphic rocks, Journal ofMetamorphic Geology 14 (2) (1996) 115-124.

140. Jehlic'ka, J., Beny, C., 1999. Espectros Raman de primeira e segunda ordem de compostos orgânicos naturais altamente carbonificados de rochas altamente metamórficas. Journal of Molecular Structure 480/481, 541-545.

141. J.N. Rouzaud, A. Oberlin, C. Beny-Bassez, Carbon films: structure and microtexture (optical and electron microscopy, Raman spectroscopy), Thin Solid Films 105 (1) (1983) 75-96.

142. A. Zaida, E. Bar-Ziv, L.R. Radovic, Y.-J. Lee, Further development of Raman Microprobe spectroscopy for characterization of char reactivity, Proceedings ofthe Combustion Institute 31 (II) (2007) 1881-1887.

143. C. Sheng, Char structure characterised by Raman spectroscopy and its correlations with combustion reactivity, Fuel 86 (15) (2007) 2316-2324.

144. E. Bandurski, Energy Sources, 1982, 6, 47-66.

145. Bowden S.A, Supervisor de Investigação, Departamento de Geologia e Engenharia do Petróleo, Universidade de Aberdeen, agosto de 2015, comunicação pessoal.

146. Killops, Stephen D., e Vanessa J. Killops. Introdução à geoquímica orgânica. John Wiley & Sons, 2013.

147. Del Rio, J. C., Garcia-Molla, J., Gonzalez-Vila, F. J., & Martin, F. (1993). Flash pyrolysis-gas chromatography of the kerogen and asphaltene fractions isolated from a sequence of oil shales. Journal of Chromatography A, 657(1), 119-122.

148. E. Tannenbaum e Z.Aizenshtat, Org.Geochem.,8 (1985) 181-192

149. W.L. Orr, Org. Geochem, 10 (1986) 499-516

150. Zhao, H. L., Bai, Z. Q., Yan, J. C., Bai, J., & Li, W. (2015). Transformações de pirita em diferentes associações durante a pirólise do carvão. Tecnologia de processamento de combustível, 131, 304-310.

151. Gryglewicz, G., Wilk, P., Yperman, J., Franco, D. V., Maes, I.I., Mullens, J., & Van Poucke, L. C. (1996). Interação da matriz orgânica com a pirite durante a pirólise de um carvão betuminoso com elevado teor de enxofre. Fuel, 75(13), 1499-1504.

152. Boyabat, N., Ozer, A. K., Bayrakceken, S., & Gulaboglu, M. §. (2004). Decomposição térmica da pirite em atmosfera de azoto. Tecnologia de processamento de combustivel, 85(2), 179-188.

153. Chen, H., Li, B., & Zhang, B. (2000). Decomposição da pirite e interação da pirite com a matriz orgânica do carvão na pirólise e hidropirólise. Fuel, 79(13), 1627-1631.

154. AttarA. Fuel 1978; 57:201.

155. Hu, G., Dam-Johansen, K., Wedel, S., & Hansen, J. P. (2006). Decomposition and oxidation of pyrite. Progress in Energy and Combustion Science, 32(3), 295-314.

156. Huizinga, B. J., Tannenbaum, E., & Kaplan, I. R. (1987). O papel dos minerais na alteração térmica da matéria orgânica - IV. Geração de n-alcanos, isoprenóides acíclicos e alcenos em experiências laboratoriais. Geochimica et CosmochimicaActa, 51(5), 1083-1097.

157. Ishiwatari R., Ishiwatari M., Rohrback B.G. e Kaplan I. R. (1977) Thermal alteration experiments on organic matter from recent marine sediments in relation to petroleum genesis. Geochim. Cosmochi, Acta41, 815-828.

158. Waples D. W. e Tornheim L. (1978) Mathematical models for petroleum-forming processes: n-Paraffins and isoprenoids hydrocarbons. Geochim.Cosmochim.Acta42, 457-465.

159. TrewhellaMJ, GrintA. Fuel 1987; 66:1315.

160. Stohl FV. Fuel 1983; 62:122.

161. Voorhees, K.J (Ed.). 2013. Analytical pyrolysis; techniques and applications. Butterworth-Heinemann.

162. Monthioux M., Landais P. e Monin J. C. (1985) Comparação entre séries de maturação natural e artificial de carvões húmicos do delta do Mahakam,

Indonésia. Organic Geochem. 8,275-292.

163. Tannenbaum, E., & Kaplan, I. R. (1985). Role of minerals in the thermal alteration of organic matter-I: Generation of gases and condensates under dry condition. Geochimica et CosmochimicaActa, 49(12), 2589-2604.

164. Lu, S. T., & Kaplan, I. R. (1989). Pirólise de querogénios na ausência e presença de montmorilonite-II. Hidrocarbonetos aromáticos gerados a 200 e 300° C. Organic geochemistry, 14(5), 501-510.

165. Zhou, Q., Xiao, X., Pan, L., & Tian, H. (2014). A relação entre os parâmetros espectrais micro-Raman e a reflectância do betume sólido. Jornal Internacional de Geologia do Carvão, 121, 19-25.

166. Du, J., Geng, A., Liao, Z., & Cheng, B. (2014). Parâmetros Raman potenciais para avaliar a evolução térmica de querogénios de diferentes experiências de pirólise. Journal of Analytical and Applied Pyrolysis, 107, 242-249.

APÊNDICES

Cromatrograma iónico total {TIC) para o asfalteno pirolisado adsorvido em sílica e pirite a diferentes temperaturas e durações de aquecimento (tempo)

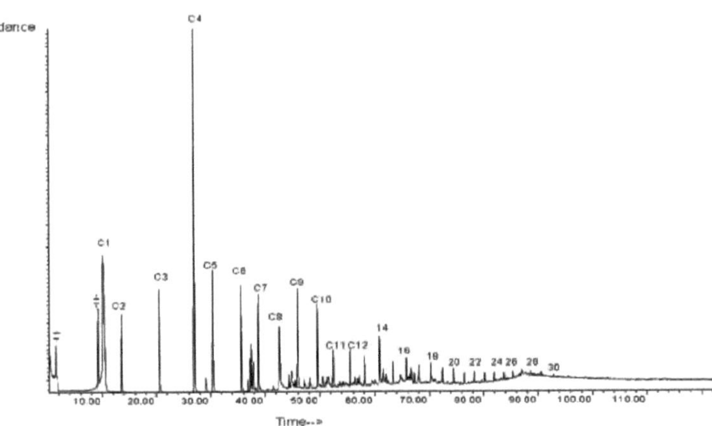

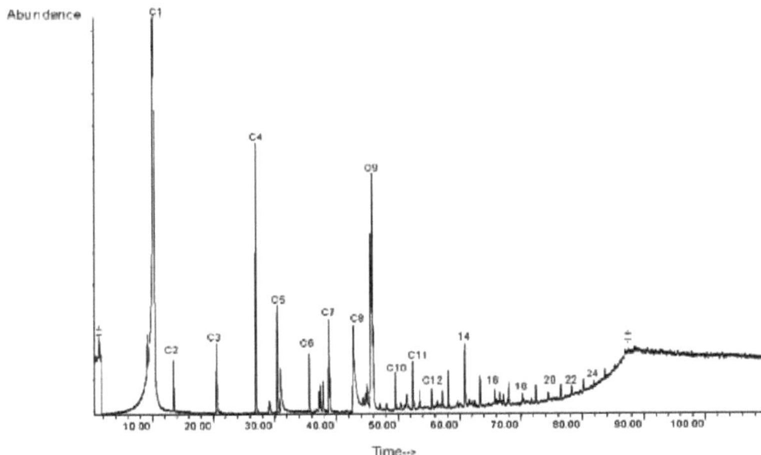

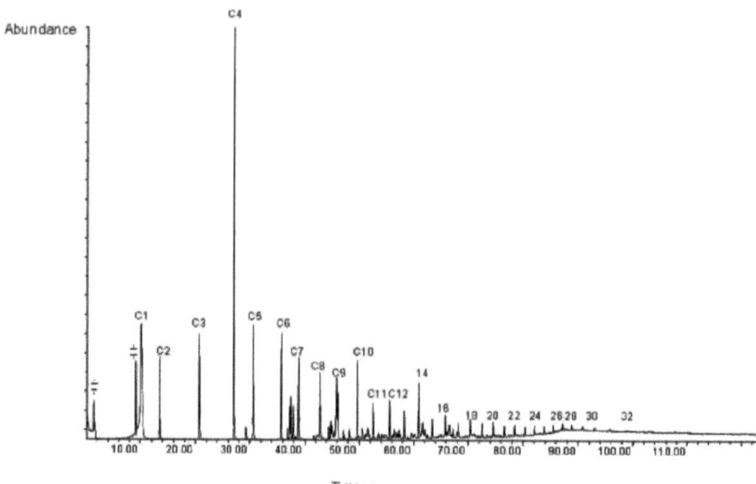

TIC: Silica @ 750°C. t = 15 sec

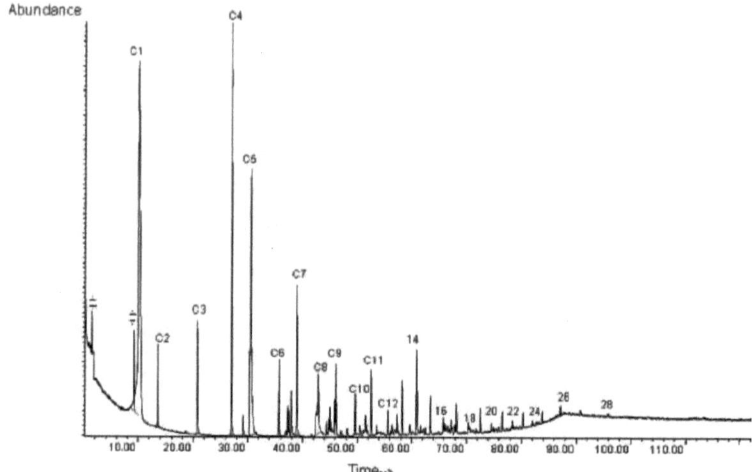

TIC: Pyrite @ 750°C. t = 15 sec

TIC: Silica @850°C, t = 8 sec
Abundance
C4
C2
C6
C3
C5
C1
C7
C10
14
C8
C9
C11 C12
16
18 20
22 24 26 28 30
32
Time-->
10.00   20.00   30.00   40.00   50.00   60.00   70.00   80.00   90.00   100.00

TIC: Pyrite @ 850°C, t = 8 sec
Abundance
C4
C5
C1
C7
C3
C6
14
C2
C9
24
C8
C10   C11
C12
16
18 20 22
Time-->
10.00   20.00   30.00   40.00   50.00   60.00   70.00   80.00   90.00   100.00   110.00

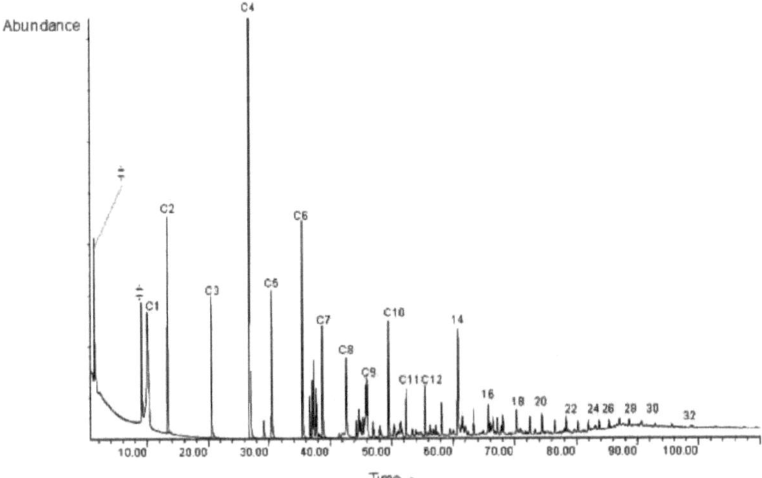

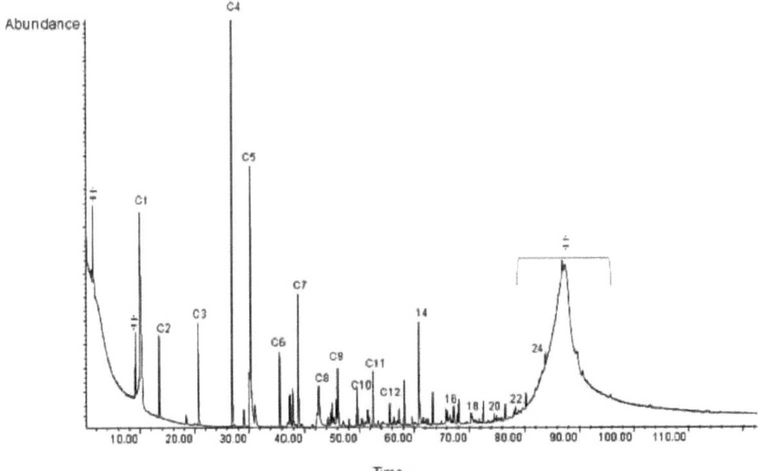

55

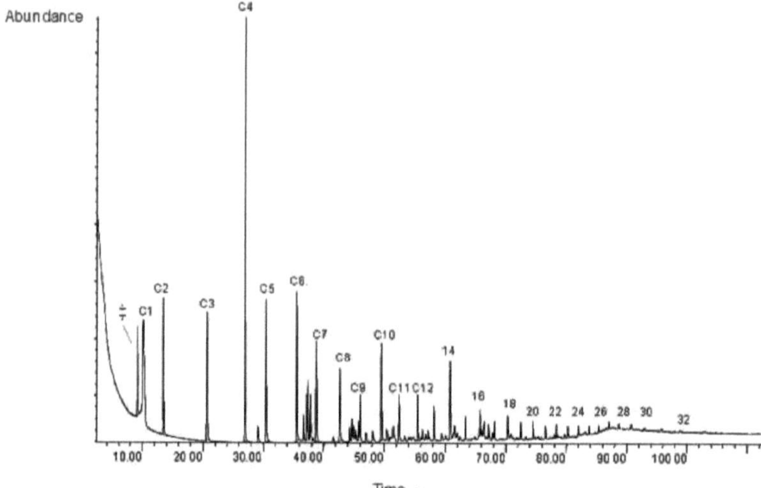

TIC: Silica @ 850°C. t= 15 sec
Abundance
C4
C2
C1
C3
C5
C6.
C7
C8
C9
C10
C11 C12
14
16
18
20 22 24 26 28 30 32
10.00 20.00 30.00 40.00 50.00 60.00 70.00 80.00 90.00 100.00
Time-->

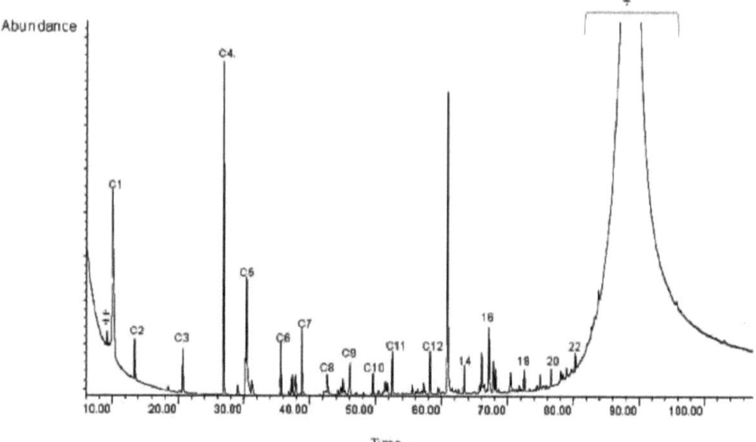

TIC: Pyrite @ 850°C. t = 15 sec
Abundance
C1
C4.
C5
C2
C3
C6
C7
C8
C9
C10
C11
C12
14
16
18
20
22
10.00 20.00 30.00 40.00 50.00 60.00 70.00 80.00 90.00 100.00
Time-->

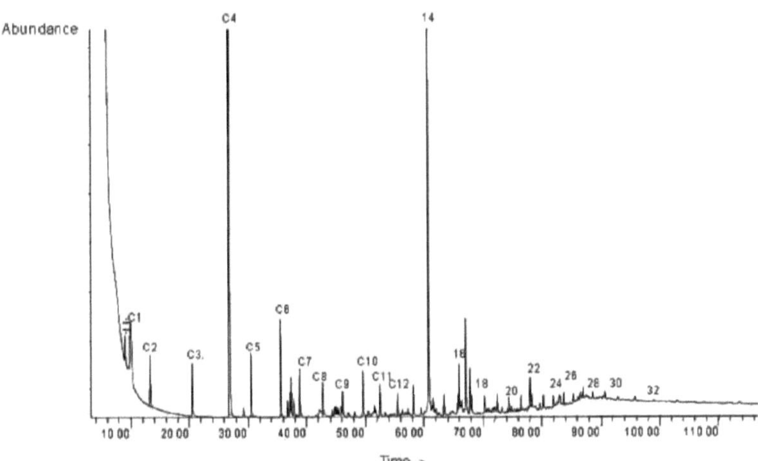

TIC: Silica @ 1000°C. t = 8 sec
Abundance
Time-->

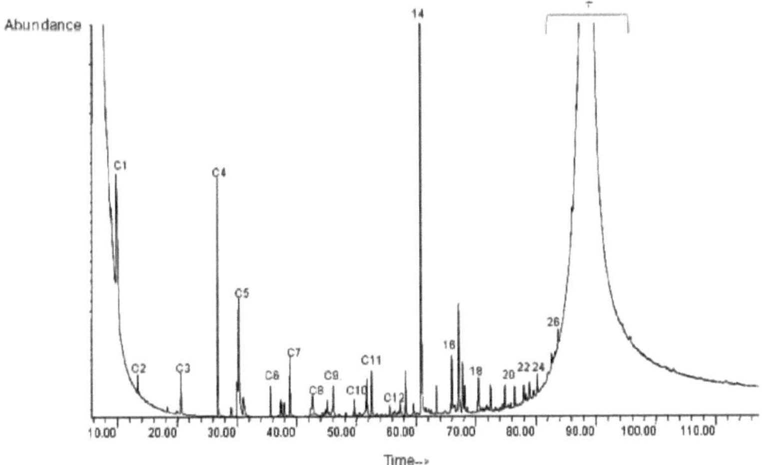

TIC: Pyrite @ 1000°C. t = 8 sec
Abundance
Time-->

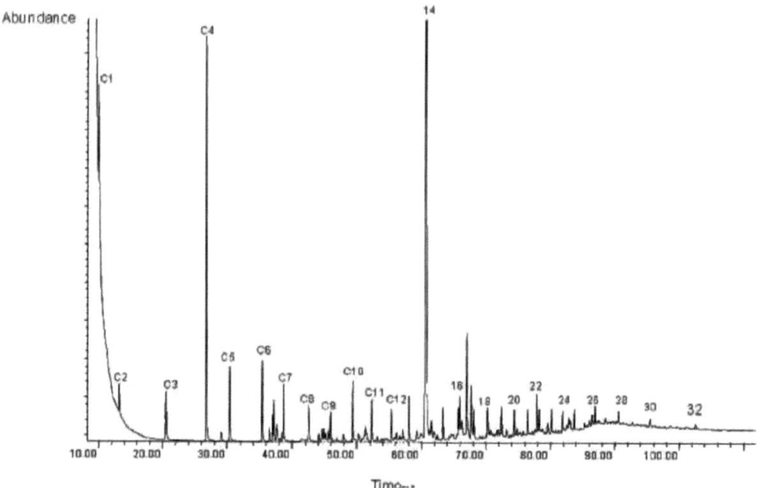

TIC: Silica @ 1000°C. t= 15 sec
Abundance
C1
C2
C3
C4
C5
C6
C7
C8
C9
C10
C11
C12
14
16
18
20
22
24
26
28
30
32
10.00
20.00
30.00
40.00
50.00
60.00
70.00
80.00
90.00
100.00
Time-->

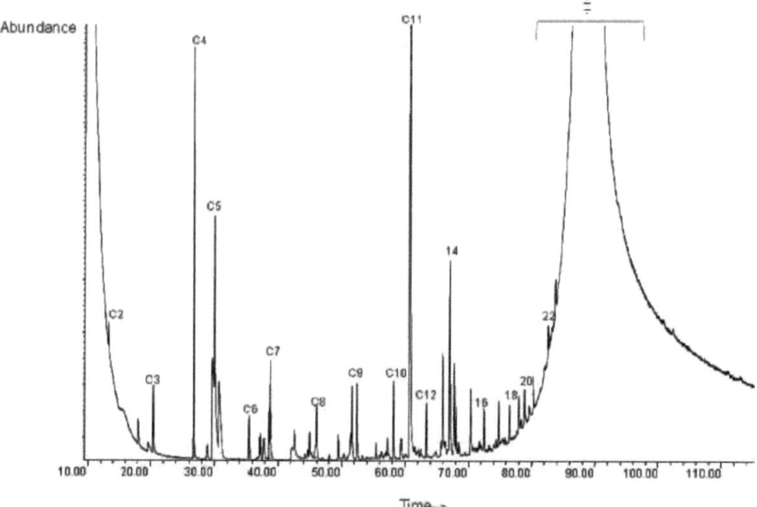

TIC: Pyrite @ 1000°C. t= 15 sec
Abundance
C2
C3
C4
C5
C6
C7
C8
C9
C10
C11
C12
14
16
18
20
22
10.00
20.00
30.00
40.00
50.00
60.00
70.00
80.00
90.00
100.00
110.00
Time-->

Quadro de resultados

Quadro de resultados para a figura 24a1

Temperatura (°C)	Duração do aquecimento (seg)	Área de pico do metano [MA]		Área de pico do n-alcano total [TA]		MA/TA	
		Pirite	Sílica	Pirite	Sílica	Pirite	Sílica
750	8	72766	35159	14512.57	71242.56	5.0140	0.4935
	10	600792	9033	55679.05	26790.62	10.7903	0.3372
	15	792024	37076	54589.04	78668.33	14.5088	0.4713
350	8	1149912	44895	106944.55	89322.22	10.7524	0.5026
	10	1209627	27880	54736	55444.8	22.0993	0.5028
	15	170477	37863	81498	79448.77	2.0918	0.4766
1000	8	164302	1968	104576	142580.14	1.5711	0.0138
	10	42254	1709	22589	134225.68	1.8706	0.0127
	15	221366	1581	71245	148074.17	3.1071	0.0107

Quadro de resultados para a figura 24a2

Temperatura (°C)	Duração do aquecimento (seg)	Área de pico do metano [MA]		Área de pico do decano [DE]		MA/DE	
		Pirite	Sílica	Pirite	Sílica	Pirite	Sílica
750	8	72766	35159	7113	35246	10.2300	0.9975
	10	600792	9033	26162	9620	22.9643	0.9390
	15	792024	37076	24548	33700	32.2643	1.1002
850	8	1149912	44895	44740	43999	25.7021	1.0204
	10	1209627	27880	25834	26440	46.8231	1.0545
	15	170477	37863	24376	35517	6.9936	1.0661
1000	8	164302	1968	24871	34708	6.6062	0.0567
	10	42254	1709	3944	31331	10.7135	0.0545
	15	221366	1581	15269	31975	14.4977	0.0494

Quadro de resultados para a figura 24a3

Temperatura (°C)	Duração do aquecimento (seg)	Soma das áreas dos picos de metano, etano, propano e butano [TR]		Área de pico do hexano [HE]		TR/HE	
		Pirite	Sílica	Pirite	Sílica	Pirite	Sílica
750	8	2509681	5270182	113311	1037200	22.1486	4.9050
	10	4420528	3159737	512913	331222	8.6185	9.5396
	15	3747127	5432768	434967	1321769	8.6147	4.1102
850	8	5427842	7904907	979343	2633814	5.5423	3.0013
	10	2377036	6241018	621097	2342107	3.8272	2.6647
	15	919196	5168239	220906	1806843	4.1610	2.8604
1000	8	331899	1807142	144389	763558	2.2986	2.3667
	10	80066	1249792	23700	467679	3.3783	2.6723
	15	85905	1094355	91255	449119	0.9414	2.4367

Quadro de resultados da figura 24a4

Temperatura (°C)	Duração do aquecimento (seg)	Área de pico do metano[MA]		Área de pico do n-alcano [NA]		MA/NA	
		Pirite	Sílica	Pirite	Sílica	Pirite	Sílica
750	8	72766	35159	4462	21506	16.3079	1.6348
	10	600792	9033	17698	6382	33.9469	1.4154
	15	792024	37076	17779	22661	44.5483	1.6361
850	8	1149912	44895	29617	26460	38.8261	1.6967
	10	1209627	27880	17392	16087	69.5508	1.7331
	15	170477	37863	25319	23021	6.7332	1.6447
1000	8	164302	1968	25389	35547	6.4714	0.0554
	10	42254	1709	8693	32287	4.8607	0.0529
	15	221366	1581	16673	32452	13.2769	0.0487

Quadro de resultados para a figura 24bl

Temperatura (°C)	Duração do aquecimento (seg)	Área de pico do decano[DE]		Área de pico do hexano [HE]		DE/HE	
		Pirite	Sílica	Pirite	Sílica	Pirite	Sílica
750	8	7113	35246	113311	1057200	0.0628	0.0333
	10	26162	9620	512913	331222	0.0510	0.0290
	15	24548	33700	434967	1321769	0.0564	0.0255
850	8	44740	43999	979343	2633814	0.0457	0.0167
	10	25834	26440	621097	2342107	0.0416	0.0113
	15	24376	35517	220906	1806843	0.1103	0.0197
1000	8	24871	34708	144389	763558	0.1722	0.0455
	10	3944	31331	23700	467679	0.1664	0.0670
	15	15269	31975	91255	449119	0.1673	0.0712

Quadro de resultados para a figura 24b2

Temperatura (°C)	Duração do aquecimento (seg)	Área de pico do leno de nafta[NP]		Área de pico do hexano [HE]		NP/HE	
		Pirite	Sílica	Pirite	Sílica	Pirite	Sílica
750	8	2109	15846	113311	1057200	0.0186	0.0150
	10	11044	1620	512913	331222	0.0215	0.0049
	15	10950	7041	434967	1321769	0.0252	0.0053
850	8	30976	33897	979343	2633814	0.0316	0.0129
	10	22545	44082	621097	2342107	0.0363	0.0188
	15	23100	24324	220906	1806843	0.1046	0.0135
1000	8	33682	115017	144389	763558	0.2333	0.1506
	10	13427	55423	23700	467679	0.5665	0.1185
	15	24503	87040	91255	449119	0.2685	0.1938

Quadro de resultados para a figura 25a

Temperatura (°C)	Duração do aquecimento (seg)	Área do pico (n-alcano)[NA]		Área do pico (n-alceno)[NE]		NA/NE	
		Pirite	Sílica	Pirite	Sílica	Pirite	Sílica
750	8	4462	21506	1196	21922	3.7308	0.9810

	10	17698	6382	3842	16131	4.6065	0.3956
	15	17779	22661	2981	23859	5.9641	0.9498
850	8	29617	26460	6672	14621	4.4390	1.8097
	10	17392	16087	3889	18820	4.4721	0.8548
	15	25319	23021	4060	13300	6.2362	1.7309
1000	8	25389	35547	4447	37340	5.7092	0.9520
	10	8693	32287	274.07	19895	31.7182	1.6229
	15	16673	32452	2600	17179	6.4127	1.8891

Quadro de resultados para a figura 25b

Temperatura (°C)	Duração do aquecimento (seg)	Área do pico [n-alcano][NA]		Área de pico do naftaleno [NP]		NP/NA	
		Pirite	Sílica	Pirite	Sílica	Pirite	Sílica
750	8	4462	21506	2109	15846	0.4727	0.7368
	10	17698	6382	11044	1620	0.6240	0.2538
	15	17779	22661	10950	7041	0.6159	0.3107
850	8	29617	26460	30976	33897	1.0459	1.2811
	10	17392	16087	22545	44082	1.2963	2.7402
	15	25319	23021	23100	24324	0.9124	1.0566
1000	8	25389	35547	33682	115017	1.3266	3.2356
	10	8693	32287	13427	55423	1.5446	1.7166
	15	16673	32452	24503	87040	1.4696	2.6821

Quadro de resultados para a figura 25c

Temperatura (°C)	Duração do aquecimento (seg)	Área de pico do metano[MA]		Área de pico do hexano [HE]		MA/HE	
		Pirite	Sílica	Pirite	Sílica	Pirite	Sílica
750	8	72766	35159	113311	1057200	0.6422	0.0333
	10	600792	9033	512913	331222	1.1713	0.0273
	15	792024	37076	434967	1321769	1.8209	0.0281
850	8	1149912	44895	979343	2633814	1.1742	0.0170
	10	1209627	27880	621097	2342107	1.9476	0.0119
	15	170477	37863	220906	1806843	0.7717	0.0210
1000	8	164302	1968	144389	763558	1.1379	0.0026
	10	42254	1709	23700	467679	1.7829	0.0037
	15	221366	1581	91255	449119	2.4258	0.0035

Quadro de resultados para a figura 26al

Temperatura (°C)	Duração do aquecimento (seg)	Área do pico (n-alceno)[PE]		Quantidade pirolisada de asfalteno (g)[A]		[PE/A]	
		Pirite	Sílica	Pirite	Sílica	Pirite	Sílica
750	8	1196	21922	0.0016	0.003	747500	7307333
	10	3842	16131	0.0033	0.0022	1164242	7332273

	15	2981	23859	0.0027	0.0036	1104074	6627500
850	8	6672	14621	0.0121	0.0041	551405	3566098
	10	3889	18820	0.0058	0.0028	670517.2	6721429
	15	4060	13300	0.0042	0.0017	966666.7	7823529
1000	8	4447	37340	0.0058	0.0031	766724.1	12045161
	10	274.07	19895	0.0024	0.0035	114195.8	5684286
	15	2600	17179	0.0028	0.016	928571.4	1073688

Quadro de resultados para a figura 26a2

Temperatura (°C)	Duração do aquecimento (seg)	Área do pico (n-alcano)[MA]		Quantidade pirolisada de asfalteno (g)[A]		[PA/A]	
		Pirite	Sílica	Pirite	Sílica	Pirite	Sílica
	8	4462	21506	0.0016	0.003	2788750	7168667
	10	17698	6382	0.0033	0.0022	5363030	2900909
750	15	17779	22661	0.0027	0.0036	6584815	6294722
	8	29617	26460	0.0121	0.0041	2447686	6453659
	10	17392	16087	0.0058	0.0028	2998621	5745357
850	15	25319	23021	0.0042	0.0017	6028333	13541765
	8	25389	35547	0.0058	0.0031	4377414	11466774
	10	8693	32287	0.0024	0.0035	3622083	9224857
1000	15	16673	32452	0.0028	0.016	5954643	2028250

Quadro de resultados para a figura 26bl

Temperatura (°C)	Duração do aquecimento (seg)	Área do pico do metano (MA)		Quantidade pirolisada de asfalteno (g)[A]		[MA/A]	
		Pirite	Sílica	Pirite	Sílica	Pirite	Sílica
750	8	72766	35159	0.0016	0.003	45478750	11719667
	10	600792	9033	0.0033	0.0022	1.82E+08	4105909
	15	792024	37076	0.0027	0.0036	2.93E+08	10298889
850	8	1149912	44895	0.0121	0.0041	95034050	10950000
	10	1209627	27880	0.0058	0.0028	2.09E+08	9957143
	15	170477	37863	0.0042	0.0017	40589762	22272353
1000	8	164302	1968	0.0058	0.0031	28327931	634838.7
	10	42254	1709	0.0024	0.0035	17605833	488285.7
	15	221366	1581	0.0028	0.016	79059286	98812.5

Quadro de resultados para a figura 26b2

Temperatura (°C)	Duração do aquecimento (seg)	Área total do pico dos alcanos (TA)		Quantidade pirolisada de asfalteno (g)[A]		[TA/A]	
		Pirite	Sílica	Pirite	Sílica	Pirite	Sílica
750	8	14512.57	71242.56	0.0016	0.003	9070356	23747520
	10	55679.05	26790.62	0.0033	0.0022	16872439	12177555
	15	54589.04	78668.33	0.0027	0.0036	20218163	21852314
850	8	106944.55	89322.22	0.0121	0.0041	8838393	21785907
	10	54736	55444.8	0.0058	0.0028	9437241	19801714
	15	81498	79448.77	0.0042	0.0017	19404286	46734571
1000	8	104576	142580.14	0.0058	0.0031	18030345	45993594
	10	22589	134225.68	0.0024	0.0035	9412083	38350194
	15	71245	148074.17	0.0028	0.016	25444643	9254636

Quadro de resultados para a figura 27a

Tempo (seg)	Razões das áreas dos picos de n-alcanos (NA) / n-alcenos (NE)					
	750(°C)		850(°C)		1000(°C)	
	Pirite	Sílica	Pirite	Sílica	Pirite	Sílica
8	3.730769231	0.98102363	4.438998801	1.80972574	5.709242186	0.95198179
10	4.606454971	0.39563573	4.472100797	0.85478215	31.71817419	1.62287007
15	5.964106005	0.94978834	6.236206897	1.73090226	6.412692308	1.88905059

Quadro de resultados para a figura 27b

Tempo (seg)	Razões naftaleno (NP)/n-alcano (NA) das áreas dos picos					
	750 (°C)		850 (°C)		1000(°C)	
	Pirite	Sílica	Pirite	Sílica	Pirite	Sílica
8	45478750.00	11719666.70	95034049.59	10950000.00	28327931.03	634838.71
10	182058181.80	4105909.09	208556379.30	9957142.86	17605833.33	488285.71
15	293342222.20	10298888.90	40589761.90	22272352.90	79059285.71	98812.50

Quadro de resultados para a figura 27c

Tempo (seg)	Área do pico do metano (MA)/ Quantidade de asfalteno pirolisado (A)					
	750(°C)		850(°C)		1000(°C)	
	Pirite	Sílica	Pirite	Sílica	Pirite	Sílica
8	0.472658001	0.73681763	1.045885809	1.28106576	1.326637520	3.23563170
10	0.624025314	0.25383892	1.296285649	2.74022503	1.544576096	1.71657323
15	0.615895157	0.31071003	0.912358308	1.05660050	1.469621544	2.68211512

Quadro de resultados para a figura 27d

Tempo (seg)	Área total do pico do n-alcano (TA)/Quantidade de asfalteno pirolisado (A)					
	750(°C)		850(°C)		1000(°C)	
	Pirite	Sílica	Pirite	Sílica	Pirite	Sílica
8	9070356.25	23747520.00	8838392.56	21785907.30	18030344.83	45993593.50
10	16872439.39	12177554.50	9437241.38	19801714.30	9412083.33	38350194.30

| 15 | 20218162.96 | 21852313.90 | 19404285.71 | 46734570.60 | 25444642.86 | 9254635.63 |

Quadro de resultados para a figura 23a

Tempo (seg)	Razão das áreas dos picos de metano/n-alcano (MA/NA)					
	750 (°C)		850 (°C)		1000(°C)	
	Pirite	Sílica	Pirite	Sílica	Pirite	Sílica
8	16.30793366	1.63484609	38.82607962	1.69671202	6.471385246	0.05536332
10	33.94688665	1.41538703	69.55077047	1.7330764	4.860692511	0.05293152
15	44.54828731	1.63611491	6.733164817	1.64471569	13.27691477	0.04871811

Quadro de resultados para a figura 28b

Tempo (seg)	Razão metano/hexano das áreas dos picos (MA/HE)					
	750 (°C)		850 (°C)		1000(°C)	
	Pirite	Sílica	Pirite	Sílica	Pirite	Sílica
8	0.642179488	0.03325672	1.174166763	0.01704562	1.137912168	0.00257741
10	1.17133315	0.02727174	1.947565356	0.01190381	1.782869198	0.00365422
15	1.820882964	0.02805029	0.771717382	0.02095533	2.425795847	0.00352023

Quadro de resultados para a figura 23c

Tempo (seg)	Razão das áreas dos picos do naftaleno/hexano (NP/HE)					
	750 (°C)		850 (°C)		1000(°C)	
	Pirite	Sílica	Pirite	Sílica	Pirite	Sílica
8	0.018612491	0.01498865	0.031629368	0.01286993	0.233272618	0.15063296
10	0.021531917	0.00489098	0.036298678	0.01882151	0.566540084	0.11850650
15	0.025174324	0.00532695	0.104569364	0.01346215	0.268511314	0.19380164

Quadro de resultados para a figura 28d

Tempo (seg)	Soma dos rácios das áreas dos picos de metano, etano, propano, butano/Hexano (TR/HE)					
	750 (°C)		850 (°C)		1000(°C)	
	Pirite	Sílica	Pirite	Sílica	Pirite	Sílica
8	22.1486087	4.98503784	5.542329909	3.00131558	2.298644634	2.36673835
10	8.618475258	9.53963505	3.827157433	2.66470234	3.378312236	2.67232867
15	8.614738589	4.11022501	4.161027767	2.86036972	0.941373075	2.43667046

Quadro de resultados para a figura 32a

Temperatura (°C)	Tempo (seg)	Área de pico da banda D (D_A)		Área de pico da banda G (G_A)		Raman para mete r(D /G)$_{AA}$	
		Pirite	Sílica	Pirite	Sílica	Pirite	Sílica
750	8	3.32E+06	2.33E+06	1.79E+07	275659	1.85E-01	8.46E+00
	10	9.78E+06	110892	783908	406907	1.25E-01	2.73E-01
	15	0	0	0	0	0.00E-00	0.00E+00
850	8	0	0	0	0	0.00E-00	0.00E+00
	10	709512	0	67440.2	8.67E+07	1.05E-01	0.00E+00
	15	3.08E+06	687079	466360	1.53E-07	6.61E+00	4.48E-02
1000	8	0	16.2434	3.51E+06	6.80E+07	0.00E+00	2.39E-07
	10	647320	0	1.09E+07	4.19E+07	5.96E-02	0.00E+00
	15	1.45E+06	0	652278	2.52E+07	2.22E+00	0.00E+00

Quadro de resultados para a figura 32b

Temperatura (C)	Tempo (seg)	Altura do pico da banda D (D)$_r$		Altura do pico da banda G (G)$_r$		Parâmetro Raman (Dr/Gr)	
		Pirite	Sílica	Pirite	Sílica	Pirite	Sílica
750	8	5035.31	7086.75	13030	3226.47	3.86E-01	2.2OE+OO
	10	8207.39	1341.55	6655.38	4393.17	1.23E+OO	3.O5E-O1
	15	0	0	0	0	0.00E+00	0.00E+00
850	8	0	0	0	0	0.00E+00	0.00E+00
	10	1758.92	0	722.201	42926.8	2.44E+00	0.00E+00
	15	6188.85	1629.29	4252.53	10927.2	1.46E+00	1.49E-01
1000	8	0	12.0246	10424.5	44892	0.00E+00	2.68E-04
	10	1829.12	0	8293.76	28434.6	2.21E-O1	0.00E+00
	15	4263.12	0	4555.11	16113.5	9.36E-01	0.00E+00

Printed by Books on Demand GmbH, Norderstedt / Germany